全国职业培训推荐教材
人力资源和社会保障部教材办公室评审通过
适合于职业技能短期培训使用

装饰装修工基本技能

中国劳动社会保障出版社

图书在版编目(CIP)数据

装饰装修工基本技能/李积光,孙建平编. —北京:中国劳动社会保障出版社,2009

职业技能短期培训教材

ISBN 978-7-5045-7543-2

Ⅰ.装… Ⅱ.①李…②孙… Ⅲ.建筑装饰-技术培训-教材 Ⅳ.TU767

中国版本图书馆 CIP 数据核字(2009)第 037721 号

中国劳动社会保障出版社出版发行

(北京市惠新东街 1 号　邮政编码:100029)

出版人:张梦欣

*

中国标准出版社秦皇岛印刷厂印刷装订　新华书店经销
850 毫米×1168 毫米　32 开本　6.625 印张　163 千字
2009 年 3 月第 1 版　2022 年 1 月第 13 次印刷

定价:12.00 元

读者服务部电话:(010)64929211/84209101/64921644
营销中心电话:(010)64962347
出版社网址:http://www.class.com.cn

版权专有　侵权必究

如有印装差错,请与本社联系调换:(010)81211666
我社将与版权执法机关配合,大力打击盗印、销售和使用盗版图书活动,敬请广大读者协助举报,经查实将给予举报者奖励。
举报电话:(010)64954652

前言

职业技能培训是提高劳动者知识与技能水平、增强劳动者就业能力的有效措施。职业技能短期培训，能够在短期内使受培训者掌握一门技能，达到上岗要求，顺利实现就业。

为了适应开展职业技能短期培训的需要，促进短期培训向规范化发展，提高培训质量，中国劳动社会保障出版社组织编写了职业技能短期培训系列教材，涉及二产和三产百余种职业（工种）。在组织编写教材的过程中，以相应职业（工种）的国家职业标准和岗位要求为依据，并力求使教材具有以下特点：

短。教材适合15~30天的短期培训，在较短的时间内，让受培训者掌握一种技能，从而实现就业。

薄。教材厚度薄，字数一般在10万字左右。教材中只讲述必要的知识和技能，不详细介绍有关的理论，避免多而全，强调有用和实用，从而将最有效的技能传授给受培训者。

易。内容通俗，图文并茂，容易学习和掌握。教材以技能操作和技能培养为主线，用图文相结合的方式，通过实例，一步步地介绍各项操作技能，便于学习、理解和对照操作。

这套教材适合于各级各类职业学校、职业培训机构在开展职业技能短期培训时使用。欢迎职业学校、培训机构和读者对教材中存在的不足之处提出宝贵意见和建议。

人力资源和社会保障部教材办公室

简介

装饰装修是建筑装饰工程和建筑装修工程的总称。装饰是指为满足人们的感观要求和对建筑物主体结构的保护需要而进行的整体或局部的加工和艺术处理；装修则是指在建筑物的主体结构完成之后，为满足其使用功能要求而进行的对建筑物的内部修饰。建筑装饰装修的作用主要是优化环境，创造使用条件；保护结构体，延长使用年限。

本书主要介绍常用的装饰装修材料、装饰装修机具，以及建筑各部位（包括墙面、地面、门窗以及吊顶）具体的装饰装修工艺。

本书适合各级各类职业学校、职业培训机构在开展职业技能短期培训时使用。

本书由李积光、孙建平编写，张红、张国忠主审。

目录

第一单元　常用的装饰装修材料……………………………（1）

模块一　石膏制品…………………………………………（1）
模块二　陶瓷制品…………………………………………（4）
模块三　装饰石材…………………………………………（5）
模块四　木材装饰材料……………………………………（8）
模块五　塑料装饰材料……………………………………（12）
模块六　金属装饰材料……………………………………（14）
模块七　涂料、胶黏剂……………………………………（19）
模块八　裱糊材料及地毯…………………………………（24）

第二单元　常用的装饰装修机具……………………………（26）

模块一　抹灰工具…………………………………………（26）
模块二　涂料装饰工具……………………………………（29）
模块三　木工施工机具……………………………………（31）
模块四　门窗施工机具……………………………………（34）

第三单元　墙面装饰装修工程施工…………………………（41）

模块一　抹灰施工…………………………………………（41）
模块二　裱糊施工…………………………………………（52）
模块三　涂料施工…………………………………………（64）
模块四　贴面类施工………………………………………（86）
模块五　饰面板施工………………………………………（103）

第四单元　地面装饰装修工程施工 ……………………………(139)

模块一　大理石、花岗岩及预制水磨石地面施工……………(139)
模块二　碎拼大理石地面施工………………………………(144)
模块三　陶瓷锦砖地面施工…………………………………(146)
模块四　木质地面施工………………………………………(149)

第五单元　门窗装饰装修工程施工 ……………………………(165)

模块一　木门窗的制作与安装………………………………(165)
模块二　铝合金门窗施工……………………………………(173)
模块三　塑料门窗施工………………………………………(180)

第六单元　吊顶工程施工 ………………………………………(190)

模块一　吊顶工程概述………………………………………(190)
模块二　暗龙骨、明龙骨吊顶工程施工……………………(192)

第一单元　常用的装饰装修材料

　　装饰装修材料是建筑装饰装修工程的重要组成内容。建筑装饰装修施工人员应对常用装饰装修材料的类型、规格、性能等充分了解，以便在施工时，能够正确地选用材料，取得满意的装饰效果。本单元主要介绍石膏、陶瓷、石材、木材、塑料、金属、涂料与胶黏剂、裱糊材料及地毯等常见的装饰装修材料。

模块一　石膏制品

一、装饰石膏板

　　装饰石膏板是以建筑石膏为主要原料，掺入适量的纤维增强材料、胶黏剂、改性剂等辅助料，与水搅拌均匀制成料浆，注入带有图案和花纹的模具中，经硬化、干燥而成的不带护面纸的装饰板材。如图1—1所示。

图1—1　装饰石膏板

　　装饰石膏板为正方形，其棱边断面形式有直角形和倒角形。装饰石膏板具有材质轻、强度高、隔热、阻燃、保温、吸声等特点，表面洁白，花纹图案丰富，具有很强的立体感。装饰石膏板常用于商场、餐厅、礼堂、影院、宾馆、写字楼、住宅等建筑物的天花板及墙面装饰。

二、纸面石膏板

1. 普通纸面石膏板

普通纸面石膏板是以建筑石膏为主要原料，掺入纤维、胶黏剂和其他辅助材料构成芯材，经过一定的工艺处理，与护面纸牢固地黏结在一起的装饰板材。护面纸的作用是提高板材抗弯和抗冲击的能力。如图 1—2 所示。

普通纸面石膏板的棱边形状主要有矩形、45°倒角形、楔形、半圆形、圆形。板材棱边断面形式有直角形和倒角形。

图 1—2 普通纸面石膏板

普通纸面石膏装饰板具有材质轻、收缩率小、强度高、保温、吸声、防火、施工方便等特点，主要适用于室内隔断或吊顶。但其耐水性差，受潮后强度会明显下降，并会产生较大的变形或挠度，因而不适用于厨房、卫生间和湿度较大的环境。

2. 耐火纸面石膏板

耐火纸面石膏板是以建筑石膏为主要原料，掺入适量无机耐火材料，构成芯材，与护面纸牢固地黏结在一起的建筑板材。

耐火纸面石膏板的棱边形状主要有矩形、45°倒角形、楔形、半圆形、圆形。

耐火纸面石膏板属于难燃性建筑材料 B1 级，有较高的遇火稳定性，主要用于防火等级要求较高的建筑物装饰，如会议厅、展览馆、体育馆、商场等。

3. 耐水纸面石膏板

耐水纸面石膏板是以建筑石膏为主要原料，掺入适量耐水外加剂，构成芯材，并与耐水的护面纸牢固地黏结在一起的建筑板材。

耐水纸面石膏板的棱边形状主要有矩形、45°倒角形、楔形、半圆形、圆形。

耐水纸面石膏板具有耐水性好的特点,适用于厨房、卫生间等湿度较大的环境。

三、吸声穿孔石膏板

吸声穿孔石膏板是以穿孔的装饰石膏板或纸面石膏板为基材,与吸声材料或背覆透气性材料组合而成的石膏板。如图1—3所示。

吸声穿孔石膏板为正方形,其棱边形状有正方形和倒角形。

吸声穿孔石膏板除了具有较好的吸声性能外,以装饰石膏板为基材的还具有装饰石膏板的各种优良性能,以防潮、耐水、耐火石膏板为基材的则具有防潮性、耐水性和遇火稳定性。吸声穿孔石膏板的抗弯、抗冲击性能较差,使用时应注意。

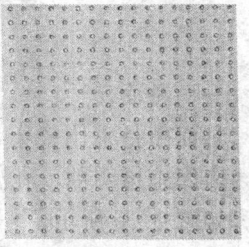

图1—3 吸声穿孔石膏板

吸声穿孔石膏板主要用于音乐厅、影剧院、演播室、会议室及其他对音质要求高或对噪声限制严的建筑物装饰。使用时,可根据建筑物的用途、功能和室内湿度的大小,选择不同的基础板材。

四、石膏浮雕装饰制品

石膏浮雕装饰制品是以石膏为主要原料,掺入纤维增强材料及添加剂,与水搅拌均匀制成料浆,经注模成型、硬化、干燥而制成的各种装饰线、小方板、灯圈、角花、浮雕、圆柱等装饰件。如图1—4所示。

石膏浮雕装饰制品具有花形线条清晰、造型生动、高贵典雅、耐腐蚀、阻燃等特点,主要用于写字楼、宾馆、餐厅、住宅

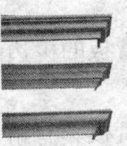

图1—4 石膏浮雕装饰制品

等建筑的室内、外天花板及墙面的装饰。

模块二 陶瓷制品

一、釉面砖

釉面砖是采用瓷土和耐火黏土低温烧制而成的，坯体呈白色，表面施透明釉、乳浊釉、无光釉、花釉、结晶釉等艺术装饰釉。如图1—5所示。

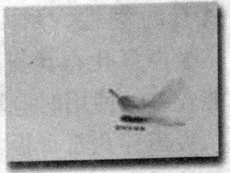

图1—5 釉面砖

釉面砖具有许多优良的性能，它不仅强度高、防潮、易清洗、耐腐蚀、变形小、抗急冷急热，而且表面光亮细腻、色彩和图案丰富、风格典雅，具有很好的装饰性。

釉面砖按形状可分为通用砖（正方形砖、长方形砖）和异形砖（配件砖）。

釉面砖主要用于建筑物、构筑物的内墙面，故又称釉面内墙砖。在室外，经过长期的冻融后，釉面砖会出现表面分层脱落、掉皮等现象，所以，釉面砖只适用于室内装饰，不能用于室外装饰。

二、陶瓷锦砖

陶瓷锦砖俗称马赛克,是由多种颜色、各种几何形状的小块瓷片(长一般不大于 50 mm)铺贴在牛皮纸上形成的色彩丰富、图案繁多的装饰砖,故又称"纸皮砖"。陶瓷锦砖是采用优质瓷土高温烧制而成的,表面可施釉,也可不施釉。如图 1—6 所示。

  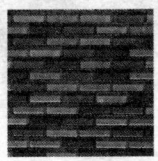

图 1—6 陶瓷锦砖

陶瓷锦砖的基本形状有正方(大方、中大方、中方和小方)、长方(长条)、对角(大对角、小对角)、斜长方(斜条)和六角、半八角、长条对角等。

陶瓷锦砖不仅质地坚实、色泽图案多样、耐腐蚀、耐火、耐磨、吸水率小、抗压力强,而且易清洗、不褪色。

陶瓷锦砖主要用于工业或民用建筑的洁净车间、走廊、卫生间、浴室、化验室、厨房、餐厅等处的地面和内墙面的装饰,也可用于外墙面的装饰。

模块三 装饰石材

装饰石材分为天然石材和人造石材两种。天然石材是从天然岩体中开采出来并加工成块状或板状材料的总称。人造石材是人造大理石和人造花岗石的总称。

建筑装饰用的石材主要有花岗岩板、大理石板和人造石三种。

一、天然花岗岩板材

天然花岗岩板材按形状不同分为普通型板材和异型板材。通常加工成各种定型板材,有矩形和正方形两种。如图1—7所示。

图1—7 天然花岗岩板材

天然花岗岩板材表面平整光滑、质感坚实、庄重严肃,颜色多为黑、红、白、灰,斑点各异,十分美观。天然花岗岩板材的化学成分稳定,不易风化变质,材质坚固耐用,具有硬度高、强度大、抗压力强、耐磨损、不易破坏、吸水率小、易清洗、耐用年限长及不怕风吹、雨淋和日晒等特点,是十分理想的高级装饰材料。

天然花岗岩板材属于高级装饰材料,主要适用于大型公共建筑物或要求装饰等级比较高的室内外装饰工程。

二、天然大理石板材

天然大理石板材分为定型和非定型两种。通常加工成各种定型板材,有正方形和矩形。如图1—8所示。

众所周知,自然环境中各种介质及生物都存在天然放射性物质,所谓"天然"就是自然存在的、自然产生的,因此,建筑材料也存在天然放射性特征。

根据《建筑材料放射性核素限量》(GB 6566—2001)规定,天然石材产品根据放射性水平划分为三类:A类产品的产销和使用范围不限;B类产品不可用于Ⅰ类民用建筑的内饰面,但可用于Ⅰ类民用建筑的外饰面及其他一切建筑物的内外饰面;C类只能用于建筑物的外饰面及室外其他用途。

装饰。

二、陶瓷锦砖

陶瓷锦砖俗称马赛克,是由多种颜色、各种几何形状的小块瓷片(长一般不大于 50 mm)铺贴在牛皮纸上形成的色彩丰富、图案繁多的装饰砖,故又称"纸皮砖"。陶瓷锦砖是采用优质瓷土高温烧制而成的,表面可施釉,也可不施釉。如图 1—6 所示。

图 1—6　陶瓷锦砖

陶瓷锦砖的基本形状有正方(大方、中大方、中方和小方)、长方(长条)、对角(大对角、小对角)、斜长方(斜条)和六角、半八角、长条对角等。

陶瓷锦砖不仅质地坚实、色泽图案多样、耐腐蚀、耐火、耐磨、吸水率小、抗压力强,而且易清洗、不褪色。

陶瓷锦砖主要用于工业或民用建筑的洁净车间、走廊、卫生间、浴室、化验室、厨房、餐厅等处的地面和内墙面的装饰,也可用于外墙面的装饰。

模块三　装饰石材

装饰石材分为天然石材和人造石材两种。天然石材是从天然岩体中开采出来并加工成块状或板状材料的总称。人造石材是人造大理石和人造花岗石的总称。

建筑装饰用的石材主要有花岗岩板、大理石板和人造石三种。

一、天然花岗岩板材

天然花岗岩板材按形状不同分为普通型板材和异型板材。通常加工成各种定型板材,有矩形和正方形两种。如图1—7所示。

图1—7 天然花岗岩板材

天然花岗岩板材表面平整光滑、质感坚实、庄重严肃,颜色多为黑、红、白、灰,斑点各异,十分美观。天然花岗岩板材的化学成分稳定,不易风化变质,材质坚固耐用,具有硬度高、强度大、抗压力强、耐磨损、不易破坏、吸水率小、易清洗、耐用年限长及不怕风吹、雨淋和日晒等特点,是十分理想的高级装饰材料。

天然花岗岩板材属于高级装饰材料,主要适用于大型公共建筑物或要求装饰等级比较高的室内外装饰工程。

二、天然大理石板材

天然大理石板材分为定型和非定型两种。通常加工成各种定型板材,有正方形和矩形。如图1—8所示。

众所周知,自然环境中各种介质及生物都存在天然放射性物质,所谓"天然"就是自然存在的、自然产生的,因此,建筑材料也存在天然放射性特征。

根据《建筑材料放射性核素限量》(GB 6566—2001)规定,天然石材产品根据放射性水平划分为三类:A类产品的产销和使用范围不限;B类产品不可用于Ⅰ类民用建筑的内饰面,但可用于Ⅰ类民用建筑的外饰面及其他一切建筑物的内外饰面;C类只能用于建筑物的外饰面及室外其他用途。

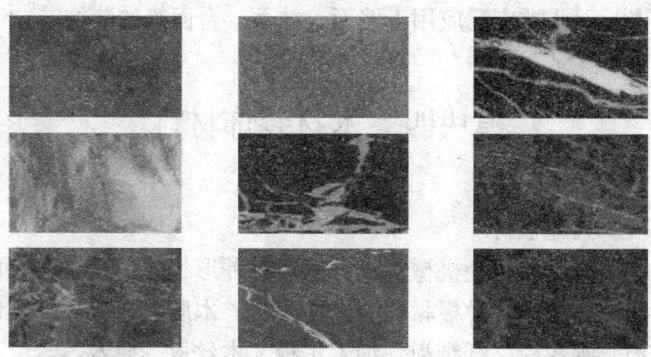

图1—8 天然大理石板材

天然大理石板材属于高级的饰面材料,主要用于建筑装饰程度高的建筑物的内饰面,如墙面、柱面、地面等。尤其是抛光的大理石板光泽可鉴,色调绚丽,花纹奇异,具有极佳的室内装饰效果。

三、人造石板材

人造石根据要求可以加工成常见的矩形和正方形,也可以加工成各种不规则的形状。如图1—9所示。

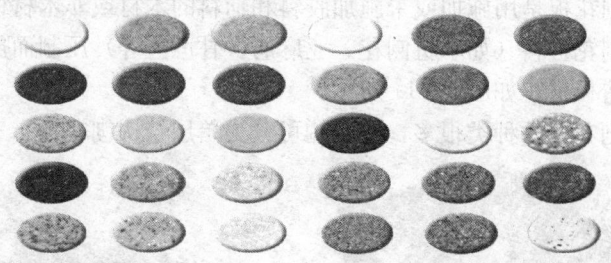

图1—9 人造石板材

人造石又称合成石,具有石料粒度分布均匀、结构致密、花色可调、表面光洁如镜、纯真自然、图案呈自然纹理、外观与天然大理石和天然花岗岩相似等特点。与天然大理石相比,人造大理石具有密度小、质量轻、强度高、耐腐蚀、抗污染和施工方便等特点，因此被广泛应用于墙面、柱面、台面等的装饰。

模块四　木材装饰材料

一、人造板材

木质纤维原料经机械加工分离成各种形状的单元材料，再经组合压制而成的各种板材称为人造板材。木质人造板材主要包括胶合板、刨花板、纤维板、细木工板、木丝板、薄木等。

1. 胶合板

胶合板是用原木旋切成薄片，再用胶黏剂按奇数层数、从各层纤维互相垂直的方向胶合而成的一种人造板材。如图1—10所示。

胶合板的层数可达到十几层，建筑装饰工程中常用的是三层板和五层板。胶合板品种繁多，按用途可分为普通胶合板和特种胶合板。其广泛适用于室内外的木工装饰。

2. 刨花板

刨花板是用施加或未施加胶料和辅料的木材或非木材植物制成的刨花材料（如木材刨花、亚麻屑、甘蔗渣等）压制而成的一种人造板材。如图1—11所示。

刨花板的种类很多，按结构可分为单层结构刨花板、三层结

图1—10　胶合板

图1—11　刨花板

构刨花板、渐变结构刨花板、定向刨花板、华夫刨花板、模压刨花板等。

刨花板的优点是板面平整，具有良好的吸音、隔音性能，加工性能好，便于储存。其缺点是密度较大、容易吸湿、钉着力较差等。

3. 纤维板

纤维板是以木材纤维或其他植物纤维为主要原料，经过纤维分离、成型干燥和热压等工序制成的一种人造板材。纤维板的原料有木材枝丫、截头、板皮、边角料、刨花、竹材、农作物秸秆、甘蔗渣等。如图1—12所示。

纤维板按密度可分为硬质纤维板、中密度纤维板、软质纤维板。按原料可分为木材纤维板和非木材纤维板。

4. 细木工板

细木工板（俗称大芯板、木工板）是在芯板的两面覆盖一层或两层单板，经胶压而制成的一种人造板材。细木工板按板芯结构可分为实心细木工板和空心细木工板；内部芯条或其他材料密集排列的为实心细木工板。内部芯条或其他材料间断排列的为空心细木工板。如图1—13所示。

图1—12 纤维板

图1—13 细木工板

细木工板具有以下特点：幅面大、厚度范围广，结构稳定、不易变形，装饰性能、机械加工性能和力学性能好。

5. 薄木贴面装饰板

薄木贩面装饰板是采用优质木材如柚木、榉木、橡木、花梨木、枫木、水曲柳等，经过精密旋切或刨切而制成的厚度小于0.8 mm的贴面装饰材料。薄木花纹精美，纹理细腻，色泽美观，是很好的贴面装饰材料，因此被广泛应用于墙壁、柱面等的贴面。如图1—14所示。

a) b) c)

图1—14 薄木贴面装饰板
a) 枫木 b) 黑檀木 c) 胡桃木

二、装饰人造板材

装饰人造板材是利用人造板材作基材，对其表面进行贴面、涂饰或其他表面机械加工而制成的一种装饰材料。

装饰人造板材的基材主要有胶合板、刨花板、中密度纤维板、硬质纤维板等。常用的装饰有薄木贴面装饰板、印刷装饰纸贴面板、树脂浸渍纸贴面装饰板、模压浮雕装饰板、装饰吸音板等。如图1—15所示。

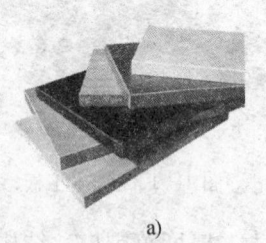 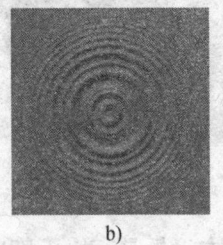

a) b)

图1—15 装饰人造板材
a) 薄木贴面板 b) 模压浮雕装饰板

三、木地板

木地板品种繁多,既有用实木直接加工而成的地板,也有通过木质基材与其他材料采用不同工艺复合而成的地板;既有榫接地板,也有平接、镶嵌地板。常用的品种有实木地板、条形木地板、拼花木地板、实木复合地板、强化木地板、抗静电木质活动地板、竹木地板、软木地板等。如图1—16所示。

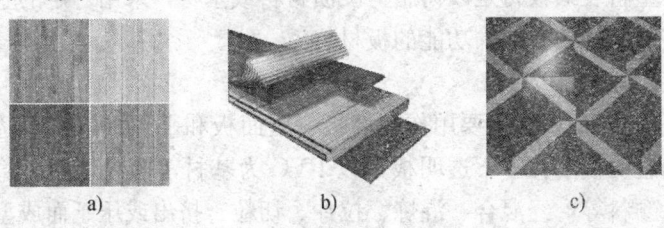

图1—16 木地板
a)条形木地板 b)实木复合地板 c)拼花木地板

四、木装饰线条

木装饰线条(简称木线)是选用木质细腻、表面光滑、不易劈裂、油漆性能好、黏结性和钉着力强的木材,经干燥处理后加工而成的。木线可油漆成各种色彩,也可涂透明漆,以显示木纹本色。如图1—17所示。

图1—17 木装饰线条

木线的立体造型各异,花色品种多样。根据断面形状不同可有如下样式:平线、半圆线、半圆饰、齿形饰、浮饰、叶形饰、梅花饰及雕饰等。其主要品种有压边线、墙腰线、角线、挂镜线、楼梯扶手等。

模块五　塑料装饰材料

一、塑料装饰板材

塑料装饰板材是以树脂为浸渍材料或基材，采用一定的生产工艺制成的具有装饰功能的板材。

1. 硬质 PVC 板

硬质 PVC 板主要用作护墙板、屋面板和平顶板，有不透明板和透明板两种。不透明板是以 PVC 为基材，掺入填料、稳定剂、颜料等，经混合、混炼、拉片、切粒、挤出或压延而成型的板材。透明板是以 PVC 为基材，掺入增塑剂、抗老化剂，经挤压而成型的板材。硬质 PVC 板按其断面形式可分为平板、波形板和异形板。如图1—18所示。

2. 塑铝板

塑铝板是一种以 PVC 塑料作芯板、表面为铝合金薄板的复合板材。由于采用了复合结构，塑铝板具有质轻、坚固、刚度大、易于加工成型和装配、便于维修和保养等优点。其广泛应用于建筑物的墙面、柱面和顶面的装饰。如图1—19所示。

图1—18　硬质 PVC 板

图1—19　塑铝板

二、塑料地板

塑料地板是以高分子合成树脂为主要原料，加入其他辅助材料，经过一定工艺制成的预制块材状、卷材状，或现场辅涂整体状的地面装饰材料。塑料地板具有花色品种多、质量轻、坚韧耐磨、脚感舒适、施工简单、便于维修和保养等特点。如图1—20所示。

图1—20　塑料地板

三、塑料壁纸

塑料壁纸（又称聚氯乙烯壁纸）是以纸为基材，以聚氯乙烯塑料为面层，经压延、涂布、印刷、轧花、发泡等工艺制成的一种墙面装饰材料。常用的塑料壁纸有普通塑料壁纸、发泡塑料壁纸和特种壁纸。如图1—21所示。

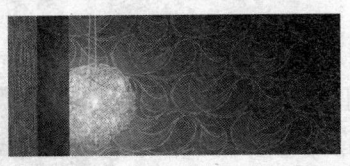 

图1—21　塑料壁纸

四、塑料门窗

塑料门窗（又称塑钢门窗）主要是采用PVC树脂为胶结料，以轻体碳酸钙为填料，加入适量的各种添加剂，经混炼、挤出、冷却、定型后，再经切割、组装而制成的。另外，为了增加型材的刚性，通常在型材腔内加入钢衬。如图1—22所示。

塑料门窗具有以下特点：保温、隔热性能好；气密性、水密性、隔音性好；耐老化性、耐腐蚀性强；装饰效果好。

图1—22 塑料门窗

模块六 金属装饰材料

一、不锈钢板

不锈钢板主要是借助其表面的光泽特性及金属质感达到装饰的目的。不锈钢板根据表面光泽程度可分为镜面板、亚光板和浮雕板。

1. 不锈钢镜面板

不锈钢镜面板的反光率可达95%以上，表面平滑、光亮，可形成映像。此种板常用于建筑物墙面、柱面反光率较高的部分。为防止镜面板表面在加工和施工过程中受到磨损，常加贴一层保护膜，待施工完毕后再揭去。如图1—23所示。

图1—23 不锈钢镜面板

2. 不锈钢亚光板

不锈钢亚光板的反光率在50%以下，其光泽柔和，常用于室内外装饰，可产生柔和、稳重的艺术效果。如图1—24所示。

3. 浮雕不锈钢板

浮雕不锈钢板是不锈钢板经过辊压、研磨、腐蚀或雕刻等工艺后形成的表面具有立体感浮雕纹路及不锈钢光泽的一种装饰板材。如图1—25所示。

图 1—24　不锈钢亚光板　　　图 1—25　浮雕不锈钢板

二、彩色涂层钢板

彩色涂层钢板（又称彩涂板或彩板）是以冷轧钢板（带）或镀锌钢板（带）为基础板材，经表面（脱脂、磷化、铬酸盐等）处理后，涂上各种保护装饰涂层烘烤而制成的一种装饰板材。常用的涂层有无机涂层、有机涂层和复合涂层，其中以有机涂层应用较多。彩色涂层钢板强度高、刚性好、耐腐蚀性强，并且具有良好的加工性。钢板有红、蓝、乳白等多种颜色，涂层附着力强，二次加工也不会被破坏。此种板常用于建筑外墙板、吊顶板、外墙板、屋面板等，也可作为通风管道、排气管道等。如图 1—26 所示。

图 1—26　彩色涂层钢板

三、轻钢龙骨

轻钢龙骨是以冷轧钢板（带）、镀锌钢板（带）或彩色喷塑钢板（带）为原料，采用冷弯工艺制成的薄壁型钢。轻钢龙骨按用途分为隔断龙骨和吊顶龙骨。如图 1—27 所示。

图 1—27 轻钢龙骨

轻钢龙骨具有强度高、自重轻、弯曲刚度大、抗震性能良好、防火性能良好、安装方便等特点，可用水泥压力板、岩棉板、石膏板、胶合板等板材与之配套使用，适用于各类场所的隔断和吊顶的装饰。

四、铝合金装饰板

铝合金装饰板是以纯铝或铝合金为原料，经辊压、冷加工制成的饰面板材。主要有铝合金花纹板、铝合金波纹板和压型板、铝合金穿孔吸声板。

1. 铝合金花纹板

铝合金花纹板是采用防锈铝合金等坯料，用表面有特制花纹的轧辊轧制而成的板材。这种板材不易磨损、防滑性能好、耐腐蚀性强、便于冲洗，通过表面处理可以得到不同的颜色，花纹美观大方，板面平整，裁剪尺寸精确，便于安装。如图 1—28 所示。

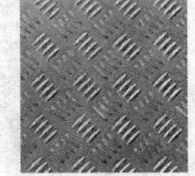

图 1—28 铝合金花纹板

2. 铝合金波纹板和铝合金压型板

铝合金波纹板和铝合金压型板是采用纯铝或铝合金平板，用波纹机和压型机轧制而成的异型断面板材。这两种板材具有质量轻、刚度大、耐腐蚀性强、外形美观、色彩丰富、装饰效果好、使用年限长等特点，适用于建筑物的墙面和屋面装饰。如图1—29、图1—30所示。

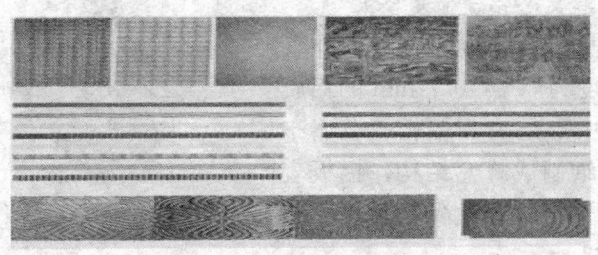

图1—29　铝合金波纹板

图1—30　铝合金压型板

3. 铝合金穿孔吸声板

铝合金穿孔吸声板是采用机械加工方法，在铝合金板材上冲出孔径大小、形状、间距不同的孔洞，以满足室内吸声和装饰要求的板材。如图1—31所示。

铝合金穿孔吸声板根据声学原理，利用板材上形状、大小不同的组合孔，达到吸声、降噪的目的。此外，它还具有质量轻、强度高、耐腐蚀、防潮、防火、化学稳定性好的特点，在建筑装饰中，造型美观，立体感强，装配简单，维修方便。

4. 蜂窝芯铝合金复合板

蜂窝芯铝合金复合板的外表层是厚度为 0.2~0.7 mm 的铝质薄板，中心层为用铝箔、玻璃布或纤维纸制成蜂窝结构，铝板表面喷涂聚合物着色保护涂料。如图 1—32 所示。

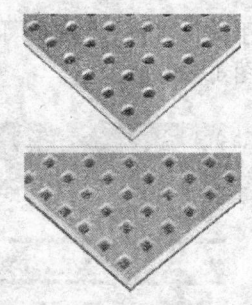

图 1—31　铝合金穿孔吸声板

 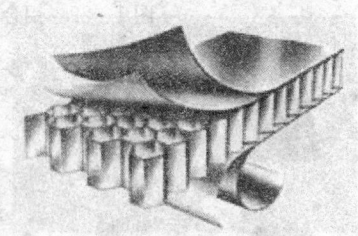

图 1—32　蜂窝芯铝合金复合板

蜂窝芯铝合金复合板具有如下特点：精度高，外观平整；强度高，质量轻；复合板中间芯的蜂窝结构所形成的众多密闭空气腔，使其具有优良的保温、隔热、隔声、防震性能；板材表面喷涂聚合物着色保护涂料，具有良好的耐腐蚀性和耐候性，可长久保持鲜艳的色彩；易于成型，可加工成各种弧形、圆弧拐角和棱边拐角；施工简单，可以完全采用装配式干作业。

五、铝合金门窗

铝合金门窗是由表面处理过的铝合金型材，经过下料、打孔、铣槽、攻螺纹等加工工艺而制成的门窗框架，再与玻璃、连接件、密封件、五金件等组合装配而成。铝合金门窗具有如下特点：质量轻，强度高；耐腐蚀，坚固耐用；密封性能好；施工简单，工效高，装饰效果好。如图 1—33 所示。

图 1—33　铝合金门窗

模块七　涂料、胶黏剂

一、涂料

涂料是"油漆"这一名称的发展或取代。因为"油漆"是利用植物油和天然树脂为主要成膜物配制而成的。但随着科学技术的发展和石油化工及有机合成工业的腾飞，各种合成树脂相继出现，使油漆原料从天然树脂发展到合成树脂，油漆产品也随之发生了根本的变化，即生产"油漆"的主要原料，绝大部分已被石油化工工业生产的脂肪酸、合成树脂及其他产品所代替，其中并不含植物油或生漆，故"油漆"这一名称已名不副实。因此，国家已将其正式更名为涂料。但"油漆"一词由来已久，为了照顾建筑行业的这一习惯称呼，仍沿用"油漆"一词。实际上油漆仅仅是涂料中的油性涂料而已。因此，涂料的定义应该是：涂敷于物体表面，能与物体黏结在一起，并能形成连续性涂膜，从而对物体起到装饰、保护或使物体具有某种特殊功能的材料。

1. 内墙涂料

内墙涂料亦可用作顶棚涂料，它的主要功能是装饰及保护室内墙面及顶棚，建立一个美观舒适的生活环境。内墙涂料具有如下特点：色彩丰富、细腻、协调；耐水、耐碱性好，不易粉化；

透气性好，吸湿排湿性好；涂刷方便，重涂性好；无毒，无污染。如图1—34所示。

2. 外墙涂料

外墙涂料的主要功能是装饰和保护建筑物的外墙，使其整洁美观，达到美化环境的作用并延长其使用寿命。由于外墙涂料直接暴露在大自然中，受到风吹、雨淋和日晒，因而应具有良好的装饰性、耐候性、耐水性、耐冻融性、耐污染性、良好的附着力，同时还要具有施工容易、维护方便等特点。外墙涂料适用于室外各种装饰面的涂刷。如图1—35所示。

图1—34 内墙涂料　　　　图1—35 外墙涂料

3. 油漆涂料

以植物油、天然树脂、合成树脂与相关基料配制而成的一种建筑材料，称为油漆涂料。如图1—36所示。

油漆涂料种类很多，在工程建设中常用的油漆涂料的种类、组成、特点及适用范围如下：

(1) 油脂漆类

1) 各色厚漆（铅油）。厚漆俗称"铅油"，是以干性或半干性植物油、颜料、体质颜料等调制加工而成的，具有易涂刷、价格便宜、施工方便等特点，

图1—36 油漆涂料

但漆膜柔软、干燥缓慢、耐久性差，适用于一般要求不太高的建

筑装修或水管接头处的涂刷。

2) 油性调和漆。油性调和漆是以干性油为主要成膜物质,加入着色颜料、体质颜料、溶剂、催干剂等调制加工而成的,具有附着力好、耐候性好及漆膜弹性较高等特点,但干燥缓慢、光泽较差,适用于室内外要求不太高的装修和木器的涂刷。

3) 油性防锈漆。油性防锈漆是以干性油炼制后与金属氧化物(如红丹粉、氧化锌、氧化铁等)、颜料、催干剂、溶剂等调制加工而成的,防锈性能好(或较好),但漆膜较软,干燥缓慢,适用于室内外钢铁表面防锈打底。

(2) 天然树脂漆类。天然树脂漆类是以加工的植物油与天然树脂经熬炼制成的漆料,加入颜料、催干剂、溶剂等调制加工而成的,可分为清漆、磁漆、底漆、腻子等。其主要成膜物质为干性油及天然树脂。其中,干性油赋予漆膜柔韧性,树脂则赋予漆膜硬度、光泽、快干性及附着力等。天然树脂漆的漆膜性能优于油脂漆,适用于室内墙壁、金属、木质物件等表面的涂饰。

(3) 酚醛树脂漆。酚醛树脂漆分为酚醛清漆、各色酚醛调和漆、各色酚醛磁漆(有光、半光、无光)、各色酚醛底漆、防锈漆等。它是以酚醛树脂或改性酚醛树脂为主要成膜物质,并加入有机溶剂及催干剂等调制加工而成的,具有良好的耐水、耐热、耐化学及绝缘等性能。其品种较多,适用于室内金属表面及木材、砖墙表面等处的涂饰。

(4) 醇酸树脂漆。醇酸树脂漆是以醇酸树脂为主要成膜物质,加入催干剂、溶剂、颜料等调制加工而成的,具有光泽持久不退及优良的耐磨、绝缘、耐油、耐候、耐矿物油、附着力好等性能。其缺点是干结成膜较快、耐水性差,适用于比较高级建筑的金属、木装饰等面层的涂饰。

(5) 硝基漆。硝基漆分为硝基清漆、硝基磁漆、硝基底漆。它是以硝化纤维(即硝化棉)加入合成树脂、增塑剂、有机溶剂、颜料等调制加工而成,具有干燥快、漆膜坚硬、光亮、耐磨、耐久等特点，适用于室内各种物面的涂饰。

(6) 聚氨酯漆。湿固化型聚氨酯漆是聚氨酯漆的一种，该漆对潮湿敏感，漆膜能在潮湿环境下固化，可用作抹灰面漆中有潮湿部分的隔层涂料，适用于建筑物有潮湿部位油漆面层的涂饰。聚氨酯漆的特点是集多种漆的优点于一身，即具有与硝基漆一样的漆硬度、与氨基漆一样的漆膜光泽、与聚酯漆一样的漆膜厚度、与醇酸漆一样的简便的施工工艺。

(7) 环氧树脂漆。环氧树脂漆分为环氧沥青漆、各色环氧磁漆、各色环氧酯底漆、各色环氧酯腻子。环氧树脂漆是以环氧树脂为主要原料加工而成的，具有附着力强、耐化学性能及电绝缘性能优良、力学性能好等特点，适用于地下管道、贮槽及须抗水、抗腐蚀的金属、混凝土表面的涂饰。但它的耐候性差，故不宜用于室外工程。

(8) 过氯乙烯漆。过氯乙烯漆是以过氯乙烯树脂为主要原料经氯化加工制成的，具有良好的耐化学腐蚀性、耐候性、防燃烧性和耐寒性等。但它的附着力、耐热性、溶剂释放性差，固体含量也低，适用于化工设备、管道及其他金属构件和木材表面的涂饰。

二、胶黏剂

胶黏剂又称黏合剂，指具有一定的黏结能力，能把两种同质或不同质的物体牢固地黏结在一起的材料。在建筑装饰工程中，胶黏剂是主要的配套材料，因为胶黏剂与其他连接方式相比具有许多突出的特点，如胶结的方法简单，不受胶结物的形状、材质等因素的限制，胶结后具有良好的密封性，不增加黏结物的质量等。如图1—37所示。

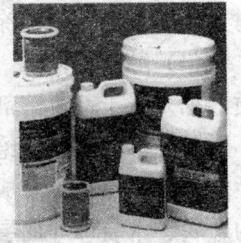

图1—37 胶黏剂

在建筑装饰工程中应用的胶黏剂种类很多，按黏结物质主要

分为以下几类:

1. 酚醛树脂类胶黏剂

酚醛树脂胶黏剂强度高、耐热性好,但胶层较脆,主要用于木材、纤维板、胶合板、硬质泡沫塑料等多孔性材料的粘接。

2. 聚乙烯醇胶黏剂

聚乙烯醇胶黏剂是由聚乙烯醇树脂溶于水中制成的胶黏剂,俗称"胶水"。其外观呈无色或浅黄色透明的絮凝胶体状,黏结强度不高,可用于胶合板、壁纸等的粘接。

3. 聚乙烯醇缩甲醛类胶黏剂

聚乙烯醇缩甲醛类胶黏剂是以聚乙烯醇与甲醛在酸性介质中进行缩合反应而制成的胶黏剂,又称为"107胶"。其外观呈无色透明的水溶液状态,有良好的黏结性能,在常温下能长期储存,但在低温下容易冻胶。聚乙烯醇缩甲醛胶黏剂一般用于墙布和墙纸的裱糊,也可用作内墙涂料的成膜物质,或掺入水泥砂浆中增加砂浆的黏结力。但是它具有较强的刺激性,施工完毕,房间一定要通风换气,以免影响健康。

4. 聚醋酸乙烯酯类胶黏剂

聚醋酸乙烯酯类胶黏剂分为乳液型和溶液型两种,广泛用于粘贴墙纸、水泥增强剂、防水涂料、木材的黏结剂。

5. 环氧树脂类胶黏剂

环氧树脂胶黏剂(俗称"万能胶")是以环氧树脂为主要原料,加入适量的固化剂、增塑剂、填料和稀释剂等辅助材料而制成的胶黏剂。环氧树脂本身不能固化,必须有固化剂的参与才能固化。

6. 聚氨酯类胶黏剂

聚氨酯胶黏剂是以聚氨基甲酸酯和多异氰酸酯为黏结物质,加入改性材料、填料、固化剂等辅助材料而制成的胶黏剂。它具有黏结性强、韧性好、耐疲劳、耐油、耐低温性能突出,常温下可固化,但耐水性、耐热性差等特点。

7. 橡胶类胶黏剂

橡胶类胶黏剂是以合成橡胶为基料,加入其他树脂、增强剂、交联剂等辅助材料而制成的胶黏剂。它具有良好的黏结性、耐水性和耐化学介质性。

模块八 裱糊材料及地毯

一、裱糊材料

裱糊材料又称饰面卷材。裱糊材料品种、花色甚多,如纸基壁纸、塑料壁纸、玻璃纤维贴墙布、无纺墙布、织锦缎、微薄木等。由于裱糊材料饰面在色彩、花纹、质感等装饰效果上要比油漆、涂料等更为丰富,并且施工粘贴方便、造价较低,因此在室内装饰中被广泛地应用。

1. PVC 塑料壁纸

PVC 塑料壁纸是以纸为基材,在上面涂布或压延一层 PVC 糊状树脂,再经印刷、压花或发泡而成。它具有美观、耐久、装饰效果好、表面可以清洗、抗肥皂水和化学侵蚀性强等特点,适用于各种建筑的内墙或顶棚贴面装饰。如图 1—38 所示。

2. 织物壁纸(布)

织物壁纸(布)是以纸或纱布为基材,以天然植物纤维(如羊毛、棉、麻、丝等)或人造纤维(如涤纶、腈纶等)织成面层,经涂敷、压合加工而成,具有无毒、无塑料气味、抗静电、不褪色、质感丰富、花色品种多样、色调典雅等特点,其耐晒、耐磨性能,吸声强度均高于塑料壁纸。如图 1—39 所示。

二、地毯

地毯除具有隔热、防潮、保温、吸声、防滑、柔软、舒适等特点外,还可以达到多数材料难以实现的富贵华丽、赏心悦目的装饰效果。地毯的等级不同,使用的场所也不同。通常等级高的

图 1—38　PVC 塑料壁纸　　　　图 1—39　织物壁纸

地毯适合磨损较大的地面使用，等级低的地毯适合磨损较小的地面使用。如图 1—40 所示。

图 1—40　地毯

考 核 要 点

1. 石膏及其装饰制品的种类及其特点
2. 陶瓷制品的种类及其特点
3. 装饰石材的种类及其特点
4. 装饰木材的种类及其特点
5. 塑料装饰材料的种类及其特点
6. 金属装饰材料的种类及其特点
7. 涂料的种类及其特点
8. 胶黏剂的种类及其特点
9. 裱糊材料的种类及其特点
10. 地毯的种类及其特点

第二单元　常用的装饰装修机具

在建筑装饰装修工程中，使用的工具和器具很多，本单元着重介绍工程中常见的工具和器具，包括抹灰工具、涂料装饰工具、木工施工器具和门窗施工机具。

模块一　抹灰工具

一、常用手工工具

1. 抹子类

各种抹子如图 2—1 所示。

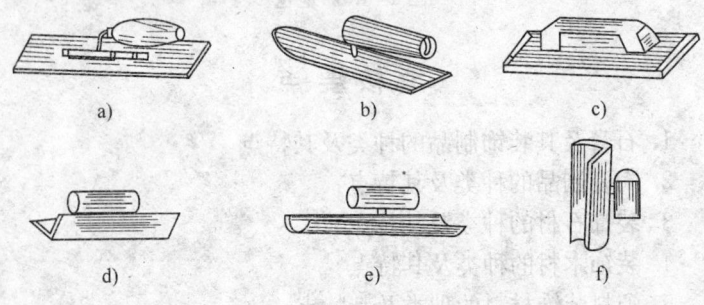

图 2—1　抹子
a) 方头铁抹子　b) 圆头铁抹子　c) 木抹子　d) 阴角抹子
e) 圆弧阴角抹子　f) 阳角抹子

木抹子：用于搓平底子灰表面。

铁抹子：用于抹底子灰、水泥砂浆面层，有方头铁抹子和圆头铁抹子两种。

阴角抹子和阳角抹子：分别用于压光阴角和阳角，有尖角和小圆角两种。

圆弧阴角抹子：用于圆弧阴角部位的抹灰面压光。

2. 木制工具（辅助工具）

木制工具如图2—2所示。

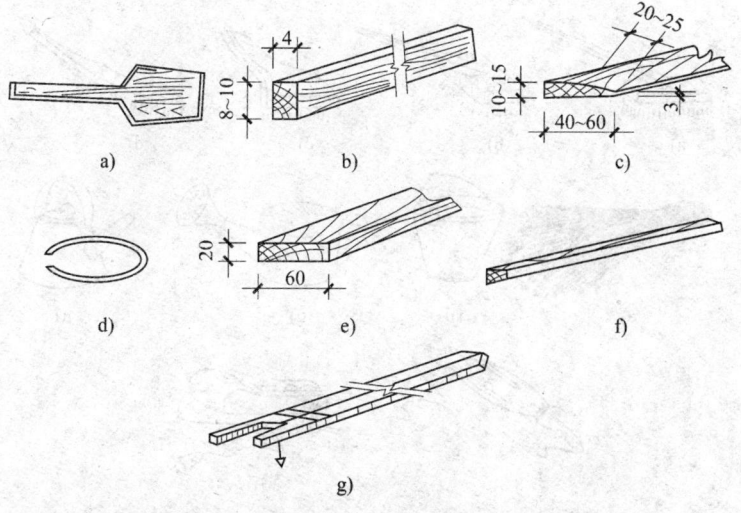

图 2—2 木制工具
a) 托灰板 b) 木杠 c) 八字靠尺 d) 钢筋卡子 e) 靠尺板
f) 分格条 g) 托线板

托灰板：用于操作时承托灰浆。

木杠：分为长、中、短三种。长杠（长 250～350 cm）用于冲筋，中杠（长 200～250 cm）和短杠（长 150 cm 左右）用于刮平抹灰层。木杠的断面形状一般为矩形。

八字靠尺：主要用作棱角的标尺，其长度要按需要截取。

水平尺：用于找平。

钢筋卡子：用于卡紧八字靠尺或靠尺板。常用 $\phi 6\sim 8$ mm 的钢筋制成，尺寸视需要而定。

靠尺板：用于检验墙面的平整度和垂直度。

托线板：用于测量立面和阴、阳角的垂直度，板中间有一条标准线，并附有线锤。

3. 刷子及其他工具

刷子及其他工具如图2—3所示。

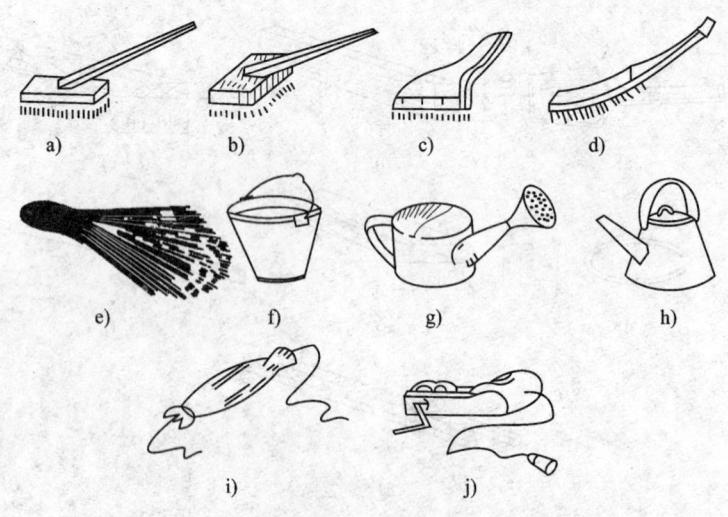

图2—3 刷子及其他工具

a) 长毛刷 b) 猪鬃刷 c) 鸡腿刷 d) 钢丝刷 e) 茅草帚 f) 小水桶
g) 喷壶 h) 水壶 i) 粉线包 j) 墨斗

长毛刷：用于室内、外抹灰洒水。

猪鬃刷：用于刷洗水刷石、拉毛灰。

鸡腿刷：用于刷长毛刷刷不到的地方，如阴角部位等。

钢丝刷：用于清刷基层。

茅草帚：用于抹子搓平时洒水。

小水桶、喷壶、水壶：用于基层湿润或洒水、养护。

粉线包、墨斗：用于弹线。

二、抹灰常用机具

1. 纸筋灰搅拌机

纸筋灰搅拌机是将纸筋灰、麻刀等纤维与石灰膏搅拌在一起的专用设备，是建筑装饰中常用的机具。

2. 砂浆拌和机

砂浆拌和机是用于拌和砂浆的设备。它也可以拌和罩面灰、低筋灰等，是建筑装饰抹灰中常用的机具。现场使用的砂浆拌和机器一般为强制式。

模块二　涂料装饰工具

一、手工工具

1. 基层处理工具

基层处理工具如图 2—4 所示，主要有锤子、刮刀、锉刀、刮铲和钢丝刷等，用于打、磨、敲、铲，清除基层面上的锈斑、污垢、附着物和尘土等。

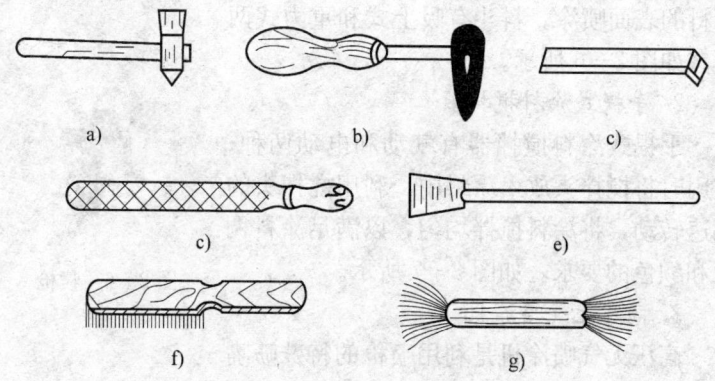

图 2—4　手用基层处理工具

a)、b) 尖头锤　c) 弯头刮刀　d) 圆纹锉　e) 刮铲　f) 钢丝刷　g) 钢丝束

2. 涂料施涂工具

施涂工具如图 2—5 所示，主要有油刷、排笔、涂料辊。

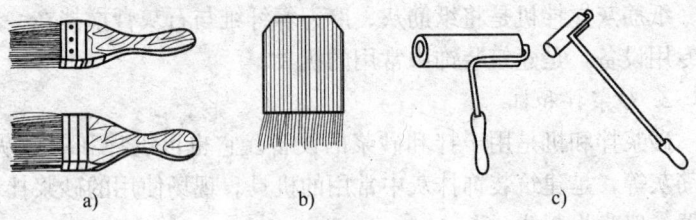

图 2—5　涂料施涂工具
a) 油刷　b) 排笔　c) 涂料辊

油刷：用于涂刷黏度较大的涂料，是手工涂饰的主要工具。
排笔：由于排笔的刷毛质地较软，适用于涂刷黏度较低的涂料。
涂料辊：用于涂刷大面积的涂料。

二、喷涂器（机）具

1. 标准喷枪

标准喷枪主要用于精细类涂料或油漆类涂料的表面喷涂。料斗有吸上式和重力式两种。如图 2—6 所示。

2. 手提式涂料搅拌器

手提式涂料搅拌器有气动和电动两种。使用时将搅拌头放入涂料中，利用搅拌头的高速转动，将涂料搅拌均匀，以满足涂料稠度和颜色的要求。如图 2—7 所示。

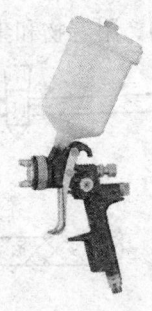

图 2—6　喷枪

3. 高压无气喷涂机

高压无气喷涂机是利用喷枪的特殊喷嘴将高压泵提供的高压涂料均匀雾化，从而实现高压无气喷涂。它有气动、电动、燃气三种。涂料泵有活塞式、柱塞式和隔膜式。隔膜式使用寿命较长，适合喷涂水性和油性涂料。如图 2—8 所示。

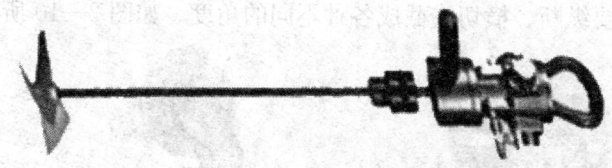

图 2—7　手提式涂料搅拌器

图 2—8　高压无气喷涂机

模块三　木工施工机具

一、电圆锯

电圆锯是胶合板、石膏板、石棉板、塑料板等装饰工程非标制作中应用最广泛的机具之一。它具有结构简单、功能多、维护方便、易于操作等特点。其加工速度比手工锯快十倍以上，而劳动强度却比手工锯低。使用电圆锯还可以降低材料消耗，提高加工精度。电圆锯可以一机多用，对其稍作一些调整或换上适当的锯片，就可完成多种加工工序，而且锯入的厚度、锯口的宽窄、锯断面的各种角度，均可随意调定。如图 2—9 所示。

二、转台式斜断锯

转台式斜断锯适用于木材、合成物、塑料、铝材的锯割切断，可进行迅速地纵切和横截。在装饰工程中，有许多的边框、角料需要纵断、横切或截成各种不同的角度。如图 2—10 所示。

图 2—9　电圆锯　　　　　　图 2—10　转台式斜断锯

三、曲线锯

曲线锯可按设计图形在金属板材、木料、塑料板、橡胶板上锯割曲率半径较小的几何图形和图案简单的花饰，还可以按各种不同的角度进行锯割，而且其加工精度较高。因此，曲线锯是装饰工程必备的机具之一。如图 2—11 所示。

四、手提式电木刨

手提式电木刨适用于木材表面的刨削、裁口、刨光、修边等。它具有结构紧凑、体积小、便于携带、操作灵活、不受场地和部位限制等特点，是装饰工程必备的工具之一。如图 2—12 所示。

图 2—11　曲线锯　　　　　　图 2—12　手提式电木刨

五、砂纸磨光机

砂纸磨光机适用于木制品表面的抛光及在喷漆之前木制品或

金属板的打磨。它既能提高功效，又能保证质量。如图2—13所示。

六、砂带磨光机

砂带磨光机适用于木制品的磨砂和磨光，金属表面的除锈和除油渍，金属、石材、水泥及相似物质的表面磨光。它能够代替人工用砂纸对部件打磨，减轻了劳动强度，保证了质量。如图2—14所示。

图2—13 砂纸磨光机　　　　图2—14 砂带磨光机

七、打钉枪

打钉枪是一种用电动或汽动打射成排U型钉、直型钉来紧固装饰工程中木制装饰面、木结构件的一种比较先进的工具。它具有速度快、省力、被紧固的装饰面不露钉头痕迹、轻巧、携带方便、使用经济、操作简单等特点。目前最常用的是汽动射钉枪。如图2—15所示。

八、木工雕刻机

木工雕刻机适用于在木材或类似材料上开各种不同形状的槽沟、凸面、凹面以及雕刻各种花纹图案等，是目前装饰工程中加工高级木制品必不可少的工具。若搭配上台面及雕刻刀可加工中、小规格木装饰线。它具有运用灵活、速度快、质量好、工效高等特点。如图2—16所示。

九、木工修边机

木工修边机适用于修整木制品的棱角、边框、开槽等。它具

图 2—15　汽动射钉枪　　　　图 2—16　木工雕刻机

有操作简便、效果好、速度快等特点，适合各种作业面使用。它易于握持，具有带滚珠轴承结构的刀具，且深度可调，是一种先进的木制品加工工具。如图 2—17 所示。

图 2—17　木工修边机

模块四　门窗施工机具

一、角向磨光机

角向磨光机又称电动砂轮机、圆盘砂轮机，主要用于去除表面毛刺、飞边等，抛光各种金属表面、研磨焊口、切割口，研磨人造树脂胶、大理石、玻璃等。若换用金刚轮还可研磨和切割混凝土、石材、瓷片等。由于其砂轮轴线与电动机轴线成直角，所以特别适用于因空间位置受限而不宜使用普通磨光机的场合。另外，它具有结构紧凑、体积小、操作方便的特点。因此，在装饰工程中的应用极为广泛。如图 2—18 所示。

二、电动磨光、抛光两用机

电动磨光、抛光两用机适用于木材、石材、钢材、塑料表面的修整、抛光、砂光、擦扫等。其操作简便、灵活,特别适用于因空间位置受限而不宜使用普通磨光、抛光机的场合。如图2—19所示。

图2—18　角向磨光机　　图2—19　电动磨光、抛光两用机

三、电动改锥(也称旋具)

电动改锥改变了以往用手动改锥旋螺钉的传统操作工艺。使用电动改锥,只要配备上适合工作件的各种规格的自攻螺钉和相应规格型号的改锥头,即可在各种装饰面板上操作安装。它具有正、反转两种功能,便于拆装作业;质量轻,可单手自由操作;体积小,便于携带,运用灵活;工效高,质量好,速度快。如图2—20所示。

四、射钉枪

射钉枪是装饰工程中一种新型紧固工具。它能在很多焊铆、钻孔、用螺栓等工艺不宜施工的情况下发挥作用。主要用于固定混凝土结构或钢材上的木材或钢材,电气设备安装,电线管路扣环或嵌夹的固定,模型、托架的固定。它具有轻巧,携带方便,使用经济,操作简单、迅速等特点。如图2—21所示。

五、往复锯

往复锯适用于许多材料的切割作业。在装饰工程中,有很多地方需要用金属材料,而一般的施工现场都比较狭小,不能放下剪板机、切割机之类的大型设备,此时,可使用往复锯。它具有

图 2—20　电动改锥　　　　图 2—21　射钉枪

携带方便、操作简单、随意性强等特点，特别是对于那些装饰在墙壁、顶棚等空间的材料，在不能取下来却需要裁截情况下，就更显出了往复锯的优越性。它可以在狭小的空间、复杂的环境中进行作业，如对顶棚开洞、暖气罩开槽等。其不足之处是加工尺寸精度不高。如图 2—22 所示。

六、型材切割机

型材切割机适用于切割钢管、角钢、槽钢、扁钢、铝合金及不锈钢等。它具有结构简单、操作方便、功能多、易维护等特点。如图 2—23 所示。

图 2—22　往复锯　　　　图 2—23　型材切割机

七、电剪刀

电剪刀适用于裁剪钢板等金属材料，并可按曲线形状下料。在装饰工程中，有的地方要用到金属板材，此时，就可以发挥电剪刀的作用。它可以根据所需形状对材料进行任意的裁剪。它具有小巧、灵活、使用方便等特点。如图 2—24 所示。

八、电冲剪

电冲剪除了具有与电剪刀相似的功能外,还具有冲剪波纹钢板、塑料板及开各种形状的孔的功能。在冲剪过程中,不会使材料变形。但要注意的是,它只适用于窄条材料或离材料边缘比较近的冲孔。如图 2—25 所示。

图 2—24 电剪刀

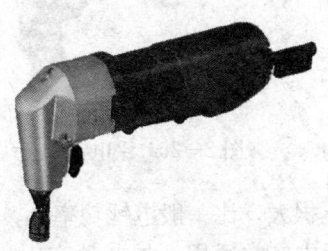

图 2—25 电冲剪

九、手电钻

手电钻主要用于在金属、塑料、木板、砖墙等各种材料上钻孔、扩孔。若配上不同的钻头,可完成打磨、抛光、拆装螺钉和螺母等工作。其体积小、质量轻、操作灵活,效率是人工的十倍以上。相比之下,如作钻孔用,钻头的直径相同,电钻的转速快,可使新加工的孔在锥度、圆度、直度及表面粗糙度上都比人工加工的孔质量好。如图 2—26 所示。

十、电池钻

电池钻无须使用高压电源,避免了电源线带来的局限性,其机动灵活性高;使用低电压电池组作为动力源,不存在人身触电危险,其使用安全性好。因此,它适用于野外、狭窄、潮湿的或工作地点经常更换、不易接电源、没有电源的作业环境。但是,由于它使用低压电池组,所以功率较低,钻孔直径一般在 10 mm 以下,只能用于在薄软材料上钻贯穿小孔或在装饰工程中作预留钻孔。如图 2—27 所示。

十一、电冲击钻

电冲击钻同时具备钻孔、锤击的功能。虽然它比普通手电钻

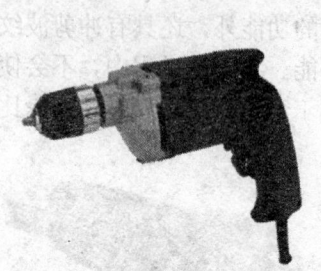

图 2—26　手电钻　　　　　图 2—27　电池钻

体积大，比一般电锤功率小，但使用起来很方便，尤其在装饰工程中非常适用，如各种室内、外墙壁的装修和复合材料的钻孔等。由于这种工具是在冲击中钻入，使它对墙壁这种软硬不均匀的材料，一方面靠冲击凿冲，一方面靠钻头旋转钻入。这样就减少和避免了因材料中掺有较硬的石块等杂物而卡住钻头。另外，冲击钻一般都有离合器，它可在机具超负荷或钻头被卡时自动打滑，而不至于使电动机烧毁。对于一般的钢铁、木材、塑料等不需冲击钻孔的材料，可将调节环指针拨至钻头方向，只当手电钻使用。如图 2—28 所示。

十二、电锤钻

电锤钻主要用于混凝土、砖石结构等材料的钻孔、凿破、开槽、打毛作业。

这种机具的功率大、加工能力强、钻孔直径通常在 12～50 mm。开槽时，有多种凿头可供选择，并可很容易地通过挡把控制机具单锤击或锤击加旋转。

电锤钻一般都有过载保护装置，它可在机具超负荷或钻头被卡时自动打滑，而不至于使电动机烧毁。当不需要锤击钻孔时，将功能挡把拨至单旋转，即可当电钻使用。但此功能不可经常使用，特别是大功率电锤钻。如图 2—29 所示。

图 2—28　电冲击钻　　　　图 2—29　电锤钻

十三、拉铆枪

拉铆枪是装饰工程中的常用工具，主要用于吊顶、隔断及通风管道等工程。装饰工程中使用的拉铆枪主要有手动拉铆枪、电动拉铆枪和风动拉铆枪三种。

手动拉铆枪结构简单、体积小、便于携带，特别适合狭小场地使用，是装饰工程中最常用的一种。如图 2—30 所示。

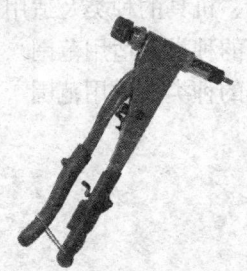

图 2—30　手动拉铆枪

气动拉铆枪和电动拉铆枪具有铆接速度快、铆接拉力大、减轻劳动强度等特点，特别适合于较大型结构件的预制及半成品的制作。但与手动拉铆枪相比结构较为复杂，需要有气源和电源。如图 2—31、图 2—32 所示。

 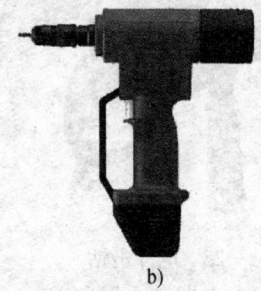

图 2—31 气、电动拉铆枪
a) 气动拉铆枪　b) 电动拉铆枪

考 核 要 点

1. 抹灰工具、机具的种类及适用范围
2. 涂料装饰工具、机具的种类及适用范围
3. 木工施工机具的种类及适用范围
4. 门窗施工机具的种类及适用范围

第三单元 墙面装饰装修工程施工

墙面装饰装修是装饰装修工程施工中重要的环节，施工人员按照设计图纸使用各种装饰装修材料，创造出别具一格的墙面装饰效果，下面介绍几种常用墙面装饰装修施工技术。

模块一 抹灰施工

在室内装饰装修工程中，抹灰施工主要用于新改动的墙体墙面，如新旧墙体改造、门窗洞孔及管线埋设修补处理等，是墙面装饰装修中最基本的做法，为进一步饰面创造基础条件。

一、抹灰的分类和组成

抹灰工程按材料和装饰效果分为一般抹灰和装饰抹灰。

一般抹灰面层材料有石灰砂浆、水泥混合砂浆、水泥砂浆、聚合物水泥砂浆、膨胀珍珠岩水泥砂浆和麻刀石灰、纸筋石灰、石膏灰等。

装饰抹灰面层材料有水刷石、斩假石、干粘石、假面砖、拉毛灰、喷涂、滚涂等。

抹灰层一般分为底层、中层和面层。如图3—1所示。

底层主要起与基体黏结的作用，兼初步找平；中层主要起找平的作用；面层主要起装饰和保护墙体的作用。

各抹灰层的厚度根据基体材料、抹灰砂浆种类、墙体表面的平整度和抹灰质量要求及各地气候情况而定。

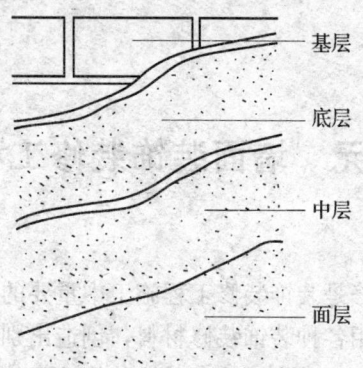

图 3—1 抹灰层的组成

二、抹灰施工的技术要求

一般抹灰按质量要求和相应的主要工序分为普通抹灰、中级抹灰和高级抹灰。

普通抹灰为一底层、一面层,两遍完成,主要工序为分层赶平、修整和表面压光。

中级抹灰为一底层、一中层、一面层,三遍完成,主要工序为阳角找方,设置标筋(又称冲筋,以控制表面平整度和厚度),分层赶平、修整和表面压光。

高级抹灰为一底层、几遍中层、一面层,多遍完成,主要工序为阴、阳角找方,设置标筋,分层赶平、修整和表面压光。

1. 抹灰层的厚度

抹灰分层涂的目的是为了黏结牢固、控制平整度和保证质量。如果一次涂抹太厚,由于内外吸收水分快慢不同,容易收缩产生裂缝与起鼓、脱落现象,也容易造成材料浪费,故一般每次厚度不应超过 15 mm。

抹灰层的总厚度应视具体部位及基体材料而定。顶棚为板条、空心砖、现浇混凝土时,总厚度不大于 15 mm;顶棚为预制混凝土板时,总厚度不大于 18 mm。内墙为普通抹灰时,总厚度不大于 18 mm；内墙为中级抹灰时，总厚度不大于 20 mm；内墙为高级抹灰时，总厚度不大于 25 mm。外墙抹灰总厚度不大于 20 mm。勒脚和突出部位的抹灰总厚度不大于 25 mm。对于混凝土大板和大模板建筑的内墙面和楼板底面，应视其施工质量而定，如平整度较好，垂直偏差小，其表面可以不抹灰，用腻子分遍刮平，待各遍腻子黏结牢固后，进行表面刷浆即可，总厚度为 2~3 mm。

2. 抹灰砂浆配合比

根据要求选择不同的抹灰砂浆，按规定选择配合比，以保证砂浆标号的准确性。常见墙体材料适用抹灰层厚度、配合比参考值见表 3—1。

表 3—1 常见墙体材料适用抹灰层厚度、配合比参考值

墙体材料	底层		中间层		面层		总厚度 (mm)
	砂浆种类	厚度 (mm)	砂浆种类	厚度 (mm)	砂浆种类	厚度 (mm)	
砖墙	水泥砂浆 1:3	8	水泥砂浆 1:(2~1.5)	6~8	水泥砂浆 1:2.5	10	24~26
混凝土墙	混合砂浆 1:3	6	混合砂浆 1:0.3:(3~2.5)	4~6	水泥砂浆 1:2.5	10	20~22
加气混凝土墙	胶溶液 1:5	6	水泥砂浆 1:(2.5~1.5)	6~8	水泥砂浆 1:2.5	10	22~24
空心砌块	胶溶液 1:5	8	水泥砂浆 1:(2.5~3)	6~8	混合砂浆 1:0.3:(3~2.5)	8~10	22~26

三、抹灰类工程装饰的基本做法

抹灰的基本施工工序为：基层处理→找规矩→制作标准灰饼、冲筋→阴、阳角找方→抹底子灰（底层低于冲筋，中层垫平

冲筋)→抹面层灰→养护→验收检验。

1. 基层处理

为了使抹灰砂浆与基体表面黏结牢固，防止抹灰层产生空鼓现象，抹灰前，应对基层进行必要的处理。

(1) 对凹凸不平的基层表面应剔平，或用1∶3的水泥砂浆补平。

(2) 对楼板洞、穿墙管道及墙面脚手架洞、门窗框与立墙交接缝隙处均应用1∶3的水泥砂浆或水泥混合砂浆嵌塞密实。

(3) 对表面上的灰尘、污垢和油渍等应清除干净，并洒水润湿。

(4) 墙面太光的要凿毛，或用掺加胶水的1∶1水泥砂浆薄抹一层。

(5) 在内墙面的阳角和门洞口侧壁的阳角、柱角等易于碰撞之处，用强度较高的1∶2的水泥砂浆制作护角，其高度应不低于2 m，每侧宽度应不小于50 mm。

(6) 对不同的基体，处理方法有所不同。

砖墙基体：将基体用水湿透，用1∶3的水泥砂浆打底补平，隔天浇水养护。

混凝土基体：进行"毛化处理"，用1∶3的水泥砂浆打底。

加气混凝土基体：洒水湿润表面，先刷一道聚合物水泥浆（掺胶水10%～12%，掺量以水泥重量的百分比计），钉金属网，分层抹1∶1∶6的混合砂浆打底，隔天浇水养护。

旧建筑物墙面：彻底铲除旧灰，用钢凿把墙面凿毛，再用1∶3的水泥砂浆补平。。

(7) 不同基体材料相接处应铺设金属网，搭接宽度从缝边起两侧均不小于100 mm，以防抹灰层因基体温度变化胀缩不一而产生裂缝。如图3—2所示。

2. 抹灰施工

各层抹灰施工，以手工操作为主。

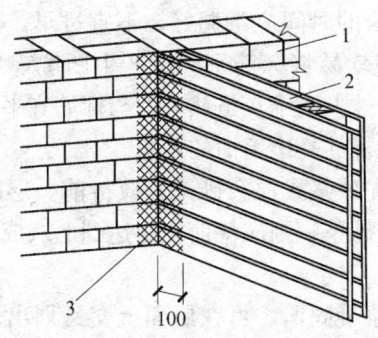

图 3—2 不同材料基体交接处的处理
1—砖墙 2—板条墙 3—钢丝网

(1) 设置标块（灰饼）、标（冲）筋。为控制抹灰层厚度和墙面平整度，用与抹灰层相同的砂浆先作出标块（灰饼）：标（冲）筋。

灰饼通常为 50 mm×50 mm 的矩形（或直径 70 mm 的圆形）。其厚度应根据整个墙面的平整度和垂直度确定，一般为 10～15 mm。灰饼所用砂浆与底子灰砂浆相同，通常为 1:3 的水泥砂浆（或水泥:白灰膏:砂=1:0.1:3 的混合砂浆）。

设置标（冲）筋。墙面浇水润湿后，在上、下两个标块之间先抹一层宽度为 100 mm 左右的水泥砂浆，稍后再抹第二层凸起呈八字形，应比标块略高，然后用木杠紧贴标块搓动，直至把标筋搓到与标块齐平为止。垂直方向为竖筋，水平方向为横筋。标筋所用砂浆与底子灰砂浆相同。

操作时，应先检查木杠有无受潮变形，若变形，应及时修理，以防标筋不平。

标筋稍干后，以标筋为平整度的基准进行底层抹灰。

(2) 抹底子灰。标筋作完后，抹底子灰时应注意以下几点：

1) 先薄薄抹一层，再用刮杠刮平、木抹子搓平，接着再抹第二层，与标筋找平。

2）抹底子灰的时间应掌握好，不宜过早，也不宜过晚。底子灰抹早了，筋软易将标筋刮坏，产生凹坑现象；底子灰抹晚了，标筋干了，抹上底子灰虽然看似与标筋齐平了，可待底子灰干了，便会出现标筋高出墙面的现象。

3）如用水泥砂浆或混合砂浆，应待前一层凝结后，再抹后一层；如用石灰砂浆，则应待前一层达到七八成干后，再抹后一层。

4）中层砂浆凝固前，可在层面上交叉划出斜痕，以增强其与面层的黏结。

5）顶棚抹灰应先在墙顶四周弹出水平线，以控制抹灰层厚度，然后沿顶棚四周抹灰并找平。顶棚面要求表面平顺、无抹纹和接槎、与墙面交角成一直线。

6）如有线脚，应先用准线拉出线脚，再抹顶棚大面。

7）砂浆应随拌随用，一次搅拌量不宜太多，拌好的砂浆不要久存，凡含有水泥的砂浆必须在水泥初凝前用完。

（3）抹面层（罩面）灰。罩面应两遍压光，并达到验收质量要求。

四、装饰抹灰施工技能

装饰抹灰通常是指采用水泥、石灰砂浆等抹灰的基本材料，在一般抹灰底层、中层基础上进行罩面，利用不同施工方法做成各种饰面层，如拉条抹灰、拉毛灰、扫毛灰、假面砖、水刷石、干粘石、水磨石、喷涂、滚涂、弹涂及彩色抹灰等多种抹灰饰面层。其面层的厚度、色彩和图案形式应符合设计要求，并应施于中层砂浆面层上。

装饰抹灰的一般施工工序为：抹底层及中层砂浆—弹线、贴分格条—抹面层水泥砂浆—处理面层（拉灰条、喷涂、滚涂、弹涂等）。

1. 拉条抹灰

拉条抹灰是指用条形模具上下拉动，使场面抹灰呈规则的细条、粗条、半圆条、波形条、梯形条和长方形条等装饰条纹。

(1) 清理基层，抹底层、中层灰。清理基层上的灰尘、砂浆，洒水湿润。用1:3的水泥砂浆抹底层、中层灰。

(2) 弹线、贴木轨道。待中层灰初凝后，根据条形模具的宽度在上面划分竖格，然后弹线。沿着弹线，用素水泥浆将经过浸泡的木轨道粘贴上去，同时用靠尺靠平找垂直。

(3) 抹面层灰。待中层灰七八成干后，自上而下抹面层灰，厚度一般为8～10 mm。面层抹灰根据所拉条形采用不同的砂浆。细条形抹灰一般采用配合比为水泥：砂子：细纸筋灰＝1：2.5:0.5的纸筋灰混合砂浆；粗条形抹灰一般采用配合比为水泥：细纸筋灰＝1:0.5的水泥细纸筋灰浆。

(4) 拉条筋。拉条筋是将条形模具的两端靠在木轨道上，自上而下进行刮压，拉出线条，然后在上面撒上罩面灰，继续上下刮压，要压实、压光。在同一抹灰区域内，应使用相同规格的条形模具。拉条无论多长应一次成型，以保证线条垂直、平整、一致、无明显接茬。

(5) 起木轨道。起木轨道是在相邻区域内的拉条抹灰完成后，取出中间的木轨道，抹上灰浆，进行搓压，使接茬不明显。

(6) 饰面上色。饰面上色是在拉条抹灰面层完全硬结后，根据设计要求，在上面刷涂料上色。

2. 拉毛灰

拉毛灰是在水泥砂浆或水泥混合砂浆抹灰中层上，抹上纸筋石灰浆、水泥石灰浆或水泥混合砂浆，然后用拉毛工具将砂浆拉成毛纹、斑点等装饰花纹。

拉毛基层处理与一般抹灰的基层处理相同。底层、中层抹灰要根据基体材料和拉毛灰的不同采用不同的底层、中层砂浆。待中层砂浆涂抹后，先用木杠刮平，再用木抹子抹平、压实、搓毛，待砂浆六七成干后，洒水湿润，然后进行罩面拉毛。

(1) 纸筋石灰浆罩面拉毛。先在底层、中层上抹1:0.5:4

的水泥混合砂浆，各层抹灰厚度约为 7 mm，然后用纸筋石灰浆罩面进行拉毛。其操作方法是：一人在前抹纸筋石灰浆，另一人跟随其后用硬毛鬃刷往墙上垂直拍拉，拉出毛头。操作时，要均匀用力，使露出的毛头分布均匀，大小、高矮一致。涂抹的厚度应一致且以拉毛的长度来决定。

（2）水泥石灰砂浆罩面拉毛。待中层灰五六成干后，洒水湿润，刮一道水泥素浆，以保证拉毛面层与中层黏结牢固。它有水泥石灰砂浆拉毛和水泥石灰加纸筋砂浆拉毛两种。

采用 1∶0.5∶1 的水泥石灰砂浆拉毛时，一般是一人在前刮水泥素浆，另一人在后面进行罩面拉毛。拉毛时，用白麻缠成的圆形麻刷子，把砂浆向墙面一点一拉，毛头应均匀一致。

采用水泥石灰加纸筋拉毛操作时，罩面砂浆中水泥与石灰膏的配合比为：拉粗毛时，水泥∶石灰膏＝1∶0.05；拉中毛时，水泥∶石灰膏＝1∶（0.10～0.20）；拉细毛时，水泥∶石灰膏＝1∶（0.25～0.30）。另外，拉粗毛和中毛时，再分别加入石灰膏质量为 3% 的纸筋；拉细毛时，加适量的砂子。

拉粗毛时，在基层上抹 4～5 mm 的砂浆，用铁抹子轻触表面用力拉回，速度要均匀；拉中毛时，可用铁抹子或硬毛刷；拉细毛时，可用鬃刷。

3. 扫毛灰

扫毛灰又称仿石抹灰，是指按设计组合分格的面层砂浆，用竹丝扫帚人工扫出横竖毛纹或斑点，有如石面质感的装饰抹灰，扫毛灰可做成假石代替天然石饰面。其造价低廉、工序简单、施工方便。

扫毛灰的施工工序为：基层清理→底层、中层抹灰→弹分格线→贴分格条→罩面扫毛→起分格条→刷面漆。

（1）基层清理和底层、中层抹灰与一般抹灰相同。

（2）弹分格线。根据设计要求和墙面的面积弹分格线，如有分格不妥，应及时调整。分块的大小应符合环境、层高、墙面的宽窄及使用要求。

(3) 贴分格条。用水泥素浆将分格条粘贴在分格线的位置，将抹灰面分成了一块块假石面。

(4) 罩面扫毛。用水泥石灰砂浆罩面前，要进行砂浆稠度试验，以保证扫出的条纹分布均匀、粗细合适。若稠度合适，即可进行罩面。罩面要同分格条平齐，待面层稍收水后，用竹丝扫帚在面层上顺着分格条的长度扫出条纹，分格块之间的条纹方向要横竖交叉、相互垂直。

(5) 起分格条。扫毛完毕后，应立即起出分格条，以防砂浆硬结后起条会损坏分格缝边缘。

(6) 刷面漆。待扫毛罩面干燥后，扫去浮砂、灰尘，然后涂刷涂料，颜色应符合设计要求。

4. 喷涂饰面

喷涂饰面是用挤压式灰浆泵或喷斗将聚合物水泥砂浆均匀地喷涂在墙面底层上。从质感上可分为砂浆饱满、呈波纹状的波面喷涂和表面布满点状颗粒的粒状喷涂。底层为厚 10～13 mm 的 1:3 的水泥砂浆，喷涂前需喷（刷）一道胶水溶液（胶：水＝1:3），使基层吸水率趋近于一致，并确保与喷涂层黏结牢固。喷涂层厚 3～4 mm，粒状喷涂应连续三遍完成。表面喷涂必须连续操作，喷至全部泛出水泥浆但又不致流淌为好。在大面喷涂后，按分格位置用铁皮刮子沿靠尺刮出分格缝。待喷涂层凝固后，再喷罩一层有机硅疏水剂。喷涂效果应达到表面平整、颜色一致、花纹均匀、不显接槎。

5. 滚涂饰面

滚涂饰面是在基层上先抹一层 3 mm 厚的聚合物砂浆，再用刻有花纹的橡胶或塑料滚子，滚出所需的图案和花纹。

滚涂砂浆的配合比为水泥：骨料（砂子、石屑或珍珠岩）＝1:(0.5～1)，再掺入占水泥量 20% 的胶和 0.3% 的木钙减水剂。滚涂饰面工艺为手工操作，分为干滚和湿滚。干滚时，滚子不蘸水，滚出的花纹较大，工效较高；湿滚时，滚子反复蘸水，滚出花纹较小。滚涂比喷涂工效低，但适合小面积局部应用。滚涂应一次成型，多次滚涂易产生翻砂现象。

6. 弹涂饰面

在基层上喷刷一遍掺有胶的聚合物水泥色浆涂层，再用弹涂器分几遍将不同色彩的聚合物水泥浆弹在已涂刷的涂层上，形成直径为1～3mm的扁圆花点。通过不同颜色、浆点的组合，有做成有类似干粘石的装饰效果的，也有做成色光面、细麻面、小拉毛拍平等多种花色的。

弹涂饰面的施工工序为：基层处理→喷（刷）底色一道→弹分格线→贴分格条→先后弹色点两道→修弹一道→起分格条→罩面。

五、抹灰类装饰装修工程质量标准及检验方法

一般抹灰的允许偏差和检验方法，见表3—2。

表3—2　　一般抹灰的允许偏差和检验方法

项次	项目	允许偏差（mm）		检验方法
		普通抹灰	高级抹灰	
1	立面垂直度	4	3	用2m垂直检测尺检查
2	表面平整度	4	3	用2m靠尺和塞尺检查
3	阴、阳角方正	4	3	用直角检测尺检查
4	分格条（缝）直线度	4	3	拉5m线，不足5m拉通线，用钢直尺检查
5	墙裙、勒脚上口直线度	4	3	拉5m线，不足5m拉通线，用钢直尺检查

装饰抹灰工程质量的允许偏差和检验方法，见表3—3。

◆装饰装修实例：

某办公楼一层大厅墙面需要进行装饰，装饰效果为拉假石面，下面简要介绍其施工技术。

表3—3 装饰抹灰工程质量的允许偏差和检验方法

项次	项目	允许偏差（mm）			检验方法
		拉条抹灰	拉毛灰	扫毛灰	
1	表面平整度	4	4	3	用2m靠尺和楔形塞尺检查
2	阴、阳角垂直	4	4	3	用2m托线板检查
3	立面垂直度	5	5	4	用2m托线板检查
4	阴、阳角方正	4	4	3	用方尺和楔形塞尺检查
5	墙裙、勒脚上口直线度	—	—	3	拉5m线，不足5m拉通线，用钢直尺检查
6	分格条（缝）直线度	—	—	3	拉5m线，不足5m拉通线，用钢直尺检查

拉假石面的做法除了面层是用带齿的抓耙拉掉齿间表面水泥浆之外，底层、中层的处理与一般抹灰相同。施工时，使用木靠尺、抓耙等常用工具。面层材料的配合比为水泥∶石英砂（或白云石屑）＝1∶1.25。

施工时，先在中层上刷一道水泥素浆，紧跟着抹水泥石屑浆，其厚度为8mm左右。待水泥石屑浆面收水后，用靠尺检查其平整度，用木抹子搓平，再用铁抹子压实、压光。待水泥终凝后，用抓耙依着靠尺按同一方向抓刮，露出石渣。完成后，表面呈条纹状，纹理清晰。24h后浇水养护。如图3—3所示。

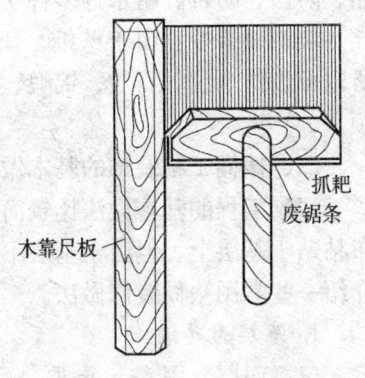

图3—3 拉假石面示意图

拉假石面露出石渣的比例很小，水泥的颜色对整个饰面色彩影响很大，因此，应使整个墙面的颜色均匀一致，并选择耐候性强、不易褪色的颜料品种。

模块二 裱糊施工

在室内平整、光洁的墙面上或其他构件表面上粘贴壁纸、墙布的装饰装修做法称为裱糊工程。

一、裱糊工程的特点

粘贴方便：大多数壁纸均采用纸基，用普通的黏结剂施工，操作简单。

保养方便：大多数壁纸均耐擦洗、耐污染，墙面保洁比较简单。

使用寿命长：只要保养得当，大多数壁纸比传统的油型涂料寿命长，一般在10年以上。

功能全面：壁纸、墙布除装饰作用之外，还具有吸声、隔热、防菌、防霉、耐水等多种功能。

装饰效果好：由于壁纸、墙布具有各种颜色、花纹、图案，所以可以仿木纹、石纹、锦缎、瓷砖、面砖等，质感好，效果新颖。

二、裱糊工程装饰的基本做法

裱糊工程的基本做法比较简单，就是通过胶黏剂把壁纸、墙布粘贴于基层上。但由于基层不同，构造层次也略有变化。下面介绍一些常用裱糊装修做法。

1. 基层为砖墙

（1）底层。用13 mm厚、配合比为1∶0.3∶3的水泥石灰膏砂浆打底扫毛或划出纹道。

（2）中层。用5 mm厚、配合比为1∶0.3∶2.5的水泥石灰膏砂浆进行罩面压光。

(3) 面层。贴壁纸（墙布），在纸背面及墙面上均刷胶（107胶∶纤维素＝1∶0.3），并稍加水，喷（刷）一道107胶水溶液（107胶∶水＝3∶7），满刮腻子一道。

2. 基层为混凝土墙

(1) 底层。用13 mm厚、配合比为1∶0.3∶3的水泥石灰膏砂浆打底扫毛或划出纹道，刷素水泥浆一道。

(2) 中层。用5 mm厚、配合比为1∶0.3∶2.5的水泥石灰膏砂浆罩面压光。

(3) 面层。贴壁纸（墙布），在纸背面和墙面上刷胶（107胶∶纤维素＝1∶0.3），并稍加水，喷一道107胶水溶液（107胶∶水＝3∶7），满刮腻子一道。

3. 基层为石膏板墙

(1) 底层。墙面刮腻子找平。

(2) 中层。喷（刷）一道107胶水溶液（107胶∶水＝3∶7）。

(3) 面层。贴壁纸（墙布），在纸背面及墙面上均刷胶（107胶∶纤维素＝1∶0.3），并稍加水。

4. 基层为加气混凝土墙

(1) 底层。用5 mm厚、配合比为2∶1∶8的水泥石灰膏砂浆打底扫毛或划出纹道。喷（刷）一道107胶水溶液（107胶∶水＝1∶4）。

(2) 中层。用5 mm厚、配合比为1∶0.3∶2.5的水泥石膏砂浆进行罩面压光。用6 mm厚、配合比为1∶1∶6的水泥石灰膏砂浆划出纹道。

(3) 面层。贴壁纸（墙布），在纸背面和墙面上刷胶（107胶∶纤维素＝1∶0.3），并稍加水，喷（刷）一道107胶水溶液（107胶∶水＝3∶7），满刮腻子一道。

三、裱糊工程施工前的准备工作

1. 施工机具

裱糊工程的施工机具主要有活动剪纸刀、辞板薄钢片刮板、胶皮刮板、塑料刮（板）、胶辊、铝合金直尺、钢板抹子、裁纸案台、其他工具（钢卷尺、普通剪刀、直尺、水平尺、注射用针管及针头、粉线包、软布、毛巾、排笔、板刷及小台秤等）。

2. 施工材料

裱糊工程的施工材料主要有壁纸、墙布、胶黏剂、腻子、涂料、衬纸等。

3. 基层处理

裱糊前，应将基层表面的污垢、尘土清除干净，宜使用 9% 的稀醋酸进行中和、清洗。

基层不得有飞刺、麻点、砂粒和裂缝，阴、阳角的垂直、方正允许偏差均为 2 mm，立面垂直允许偏差为 3 mm。

基层的含水率不得超标，对黏结牢固、表面平整的旧溶剂型涂料墙面，裱糊前，应打毛。

四、裱糊的施工技术

裱糊的主要施工工序与基层材料有关。常用的基层材料有抹压面混凝土、石膏板面和木料面。下面分别介绍在这些基层材料上裱糊的施工工序。

1. 抹压面混凝土墙面的裱糊

抹压面混凝土墙面的裱糊，是指在现浇混凝土的外表面抹水泥石灰膏砂浆，或在预制混凝土的外表面用聚合物水泥砂浆修补，并在满刮腻子之后进行裱糊。

其施工工序为：清扫基层、填补缝隙、砂纸打磨→满刮腻子磨平→涂刷底胶一遍→墙面划准线→壁纸浸水湿润→壁纸涂刷胶黏剂→基层涂刷胶黏剂→纸上墙、裱糊→拼缝、搭接、对花→赶压粘胶层气泡→裁边→擦净挤出的胶液→清理、修整。

2. 石膏板面的裱糊

石膏板面的裱糊是指在预制纸面石膏板上进行的裱糊施工。

其施工工序为：清扫基层、填补缝隙、砂纸打磨→接缝处糊条→找补腻子磨砂子→涂刷底胶一遍→墙面划准线→壁纸浸水湿润→壁纸涂刷胶黏剂→基层涂刷胶黏剂→纸上墙→裱糊→拼缝、搭接、对花→赶压粘胶层气泡→裁边→擦净挤出的胶液→清理修整。

3. 木料面的裱糊

木料面的裱糊是指在木板墙、木板柱表面进行的裱糊施工。

其施工工序为：清扫基层、填补缝隙、砂纸打磨→接缝处糊条→找补腻子磨砂子→涂刷底胶一遍→墙面划准线→壁纸浸水湿润→壁纸涂刷胶黏剂→基层涂刷胶黏剂→纸上墙→裱糊→拼缝、搭接、对花→赶压粘胶层气泡→裁边→擦净挤出的胶液→清理、修整。

4. 其他要求

(1) 裱糊后，如有气泡可使用针管吸出气体。阴角处接缝应搭接，阳角处不得有接缝，应包角压实。如图 3—4 所示。

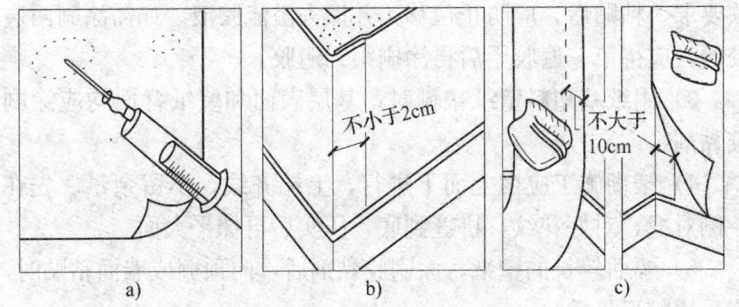

图 3—4 气泡及转角的处理
a) 气泡的处理 b) 阳角贴法 c) 阴角贴法

(2) 拼缝的处理方法有三种：一是搭接切割，二是搭接，三是对接。如图 3—5 所示。

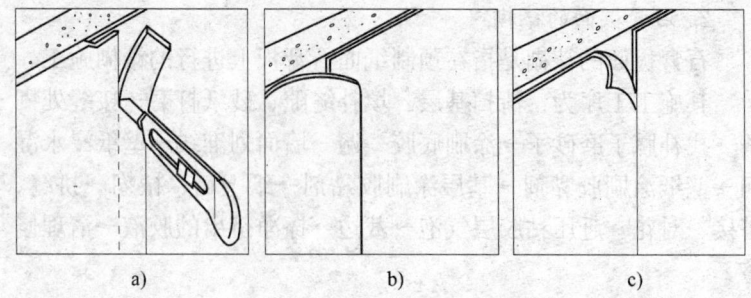

图 3—5　壁纸拼缝三种方法
a）搭接切割　b）搭接　c）对接

(3) 纸基塑料壁纸裱糊要求

1）先贴长墙面，后贴短墙面。每个墙面要从显眼的墙角以整幅纸开始，即从主要的自然光源照射处开始粘贴。在第一幅壁纸裱糊的位置，应先弹垂直线。不满整幅的窄条壁纸应贴在不显眼的阴角处。

2）涂刷胶黏剂，关键是要保证胶层无气泡、不缺胶。通常在不缺胶的情况下，胶层越薄越好。涂刷胶黏剂要遵守一定的停歇要求。粘贴后，应防止位移，并擦去溢流胶液。如需涂刷两遍胶的，应待第一遍胶干后再涂刷第二遍胶。

3）用纸基塑料壁纸裱糊时，基层表面和壁纸背面均应涂刷胶黏剂。

4）裱糊施工应由上而下进行，上端齐线，不留余量。先在一侧对缝，对好花纹，拼缝到底，压实后再抹平大面。

5）幅面较长的壁纸，涂刷胶黏剂后，向顶棚或墙面粘贴时，应采用蛇形折叠法。

6）粘贴顶棚壁纸时，为防止涂刷过胶黏剂的壁纸因折叠而弯曲或起皱，应用纸卷、纸板卷或直尺进行支撑。

7）为确保能粘贴好顶棚角或踢脚板角的壁纸，应在每幅壁纸的两端作记号进行剪切。

8）垂直粘贴壁纸时，应采用从端部到中心折叠法，这样可以使未涂刷胶黏剂的地方外露着，便于壁纸传递和推迟胶黏剂的干燥时间。

9）为使壁纸与基层表面上非圆形障碍物相吻合，壁纸应进行星形剪切。

10）壁纸在墙的拐角处的搭接宽度应小于 15 mm，否则，干燥时会出现起泡现象。

（4）玻璃纤维贴墙布裱糊有如下要求：

1）基料全部是玻璃纤维，不伸缩。裱糊前，不需预先湿润，仅将墙布背面清扫干净即可。若预先湿润，反而会使表面树脂涂层受潮而使墙布起皱，那么即使贴上墙后也会难以服帖。

2）用玻璃纤维贴墙布裱糊时，仅在基层或基体表面涂刷胶黏剂，墙布背面可不涂胶。这是因为玻璃纤维贴墙布本身吸湿性小，又有细小孔隙，如墙布背面涂胶，胶液会渗透墙布，使表面出现胶迹，影响美观。

3）玻璃纤维贴墙布与纸基塑料壁纸材料不同，胶黏剂宜采用聚醋酸乙烯酯乳胶，以保证粘贴强度。

4）玻璃纤维贴墙布裁切成段后，应存放于箱内，以防止沾污和碰毛布边。

5）玻璃纤维贴墙布不伸缩，对花时切忌横拉、斜扯，如硬拉，将使整幅墙布歪斜、变形，甚至脱落。

6）玻璃纤维贴墙布盖底力差，如基层表面颜色较深时，可在胶黏剂中掺入适量的白色涂料（乳胶漆类），使完成后的裱糊的面层色泽无明显差异。

五、常见的施工缺陷及预防措施

1. 裱糊层由房屋内部环境条件引起的缺陷

裱糊层由房屋内部环境条件引起的缺陷见表3—4。

2. 裱糊层由胶黏剂和涂胶引起的缺陷

裱糊层由胶黏剂和涂胶引起的缺陷见表3—5。

表3—4　　裱糊层由房屋内部环境条件引起的缺陷

序号	出现的缺陷	原因
1	沾污、变色	含碱性的表面没有被封闭，仍起作用，使印色脱色或变色
2	油污、起泡	湿冷房间使胶黏剂干燥缓慢
3	起泡、长霉菌、沾污	冷凝使胶黏剂干燥缓慢，促使霉菌生长，壁纸或印花变色
4	起泡、长霉菌、沾污	湿墙有与冷凝相同的作用
5	剥落、卷边、沾污	晶化作用可阻碍黏结，使壁纸变黑或对印色中的颜料起化学作用
6	图案和花纹不齐整	孔隙过多易于吸收胶黏剂，使裱糊层黏结松弛，因不易移动壁纸，故较难对正图案花纹
7	变色	暴露在过强的阳光下，使某些颜料脱色、变色
8	起泡、剥落	黏结性差的衬纸，由于胶黏剂的湿润作用和裱糊层本身的质量，使黏结性进一步变弱
9	长霉菌	遗落的胶黏剂痕迹，在粘贴乙烯基塑料前没有除去
10	起皱纹、壁纸间的图案和花纹不齐整、接缝裂口	不平整的表面使壁纸变形、起伏、拉紧
11	锈斑点、沾污	铁钉没有被封闭，木材或墙板被侵蚀，沾染壁纸
12	沾污	染色剂没有被封闭，而被胶黏剂溶解

表3—5　　裱糊层由胶黏剂和涂胶引起的缺陷

序号	出现的缺陷	原因
1	沾污、变色，光泽斑点发亮（特别是接缝处）	粘贴时不仔细，把胶黏剂弄到壁纸表面上

续表

序号	出现的缺陷	原因
2	沾污、胶层撕裂	胶黏剂渗透壁纸太快
3	起泡、剥落、卷边、变色，壁纸间的图案和花纹不齐整、长霉菌	粘贴方法错误，壁纸浸泡不够或浸泡过度，降低黏性，阻碍移动，使粘贴困难，并可促使霉菌生长
4	起泡、卷边	壁纸浸泡不够、平整困难，使壁纸上的拉力不匀
5	沾污、起泡，壁纸间的图案和花纹不齐整、撕裂	浸泡过度，壁纸过分膨胀，黏结困难
6	起泡、壁纸间的图案和花纹不齐整	涂刷胶黏剂时引起不均匀的隆起
7	沾污，使含金属类涂料变黑，生长霉菌、剥落	陈旧胶黏剂变黄，含酸高，含有细菌，随着时间变稀
8	剥落、沾污、撕裂、卷边	胶黏剂过稀引起黏结性降低，浸泡过度
9	起泡、重叠，壁纸间的图案和花纹不齐整	胶黏剂涂刷不均匀或重复引起不均匀的隆起

3. 裱糊层由粘贴而引起的缺陷

裱糊层由粘贴引起的缺陷见表3—6。

表3—6　　　　裱糊层由粘贴引起的缺陷

序号	出现的缺陷	原因
1	撕裂	使用不锋利的工具
2	沾污、撕裂	不小心粘贴损坏壁纸，把胶黏剂或脏物沾到壁纸表面
3	壁纸间的图案和花纹不齐整，起皱，发亮，表面的凸纹减少	过度的刷抹、滚压使裱糊层拉紧和使壁纸面发亮
4	颜色范围有变化	涂色不仔细

续表

序号	出现的缺陷	原因
5	起泡、接缝裂口、起皱纹	平整工序做得不好
6	相邻范围的颜色和纹理出现变化	前后连接顺序颠倒,没有注意使用说明
7	壁纸表面的凹凸线变平	在压纹壁纸上使用有接缝的滚子
8	胶黏剂沾污、发亮	粘贴后马上使用有接缝的滚子滚压或未用垫纸
9	壁纸间的图案和花纹不齐整	修整不精确
10	起泡、脱层	双层纸壁纸之间黏结性差
11	颜色有变化,边缘变浅或变深	涂色的壁纸由于使用不同色调的印花,储存时受污垢沾污或受日光照射

4. 裱糊层的质量问题及其产生原因

裱糊层的质量问题及其产生原因见表3—7。

表3—7　　　裱糊层的质量问题及其产生原因

序号	质量问题	原因
1	变色、沾污	基层表面起碱
2	起泡、沾污	湿冷房间
3	起泡、长霉菌、沾污	冷凝水表面
4	起泡、长霉菌、沾污	潮湿基层
5	卷边、剥落、沾污	晶化作用基层
6	变色、卷边、剥落	孔隙过多基层
7	起泡、沾污	无衬纸、无孔隙面
8	起泡、剥落	黏结性差的衬纸面
9	起皱、接缝裂口	表面不平整
10	锈斑、沾污	没有封闭的铁钉
11	沾污	没有封闭的水性涂料

续表

序号	质量问题	原因
12	变色、胶污染、发亮、光泽斑点、沾污	涂胶不仔细
13	变色、卷边、长霉菌、剥落、花纹和图案不齐整	粘贴不正确
14	起泡、卷边	壁纸浸泡不够
15	起泡	涂胶有遗漏处
16	含金属涂料变黑、长霉菌、剥落、沾污	胶黏剂老化
17	接缝裂口、撕裂	胶黏剂过稀
18	起泡、含金属涂料变黑、剥落、发亮	壁纸浸泡过度
19	起泡、重叠	涂胶不均匀
20	边缘裁切不齐、撕裂	刀刃不锋利
21	胶黏剂污染	滚压接缝不仔细
22	起泡、起皱、发亮、花纹和图案不齐整	粘贴后刷平过分
23	起泡、起皱、接缝裂口、凸图纹收缩、重叠	基层表面不平
24	明暗变化	纸幅顺序颠倒
25	凸图纹收缩	滚压压纹壁纸
26	发亮	修整不仔细
27	脱离	黏结性差的双层壁纸

5. 质量通病及防治方法

（1）纸边张口，由于涂胶不均匀或胶液过干，可以加胶后重新粘贴压实。如有微小的张口，可用油画笔蘸聚乙烯醇缩甲醛（107胶）粘贴，然后压实。

（2）纸面出现皱折时，可在胶黏剂未干前，掀起纸幅重新粘贴。

（3）纸面出现气泡或胶黏剂聚集产生鼓泡时，可以用裁纸刀切开，挤出气体及多余的胶黏剂，再压平、压实；纸面出现气泡而纸下无胶时，可以用注射针注进一些稀的聚乙烯醇缩甲醛（107胶），然后压实。

(4) 壁纸接缝处如因干缩露有白裙，可采用乳胶漆找色。

(5) 在施工过程中，因碰撞损坏壁纸、墙布，可采用对纹、对色、挖空填补，应注意花纹、图案、缝隙的吻合。

六、裱糊工程的质量标准及检验方法

1. 裱糊工程的质量标准

裱糊工程的质量标准见表3—8。

表3—8　　　　　裱糊工程的质量标准

项次	项目	质量等级	质量标准
1	裱糊墙面	合格	色泽一致，无斑污
		优良	色泽一致，无斑污，无胶痕
2	各幅拼接	合格	横平竖直，图案端正，拼缝处图案和花纹基本吻合，阳角处无接缝
		优良	横平竖直，图案端正，拼缝处图案和花纹吻合，距离墙面1.5 m处正视，不显拼缝，阴角处搭接应顺光，阳角处无接缝
3	裱糊与挂镜线、贴脸板、踢脚板、电线槽盒等的交接	合格	交接紧密、无偏贴，不糊盖需拆卸的活动件
		优良	交接紧密、无缝隙、无偏贴和补贴，不糊盖需拆卸的活动件

2. 裱糊工程的检验方法

裱糊工程完工并干燥后方可验收。检验时，抽取1/10的具有代表性的自然间进行观察检查，但不得少于3间。

◆装饰装修实例：

某五星级酒店进行全面装修，整体装饰效果为欧式古典华贵型，客房部分选用锦缎壁布对墙面进行装饰，下面简要介绍施工步骤。

使用锦缎墙布装饰可以产生两种装饰效果，一种为在五层厚胶合板面外包织锦缎（分块式），另一种为在五层厚胶合板面上裱糊织锦缎（整体式）。前一种可以任意规定五层厚胶合板的大小，并且可以穿插选用各种颜色的锦缎，组成各种图形块。后一种在墙面留下的接缝较少，可以产生一体的效果。在施工时，可以任选一种装饰效果。如图3—6所示。

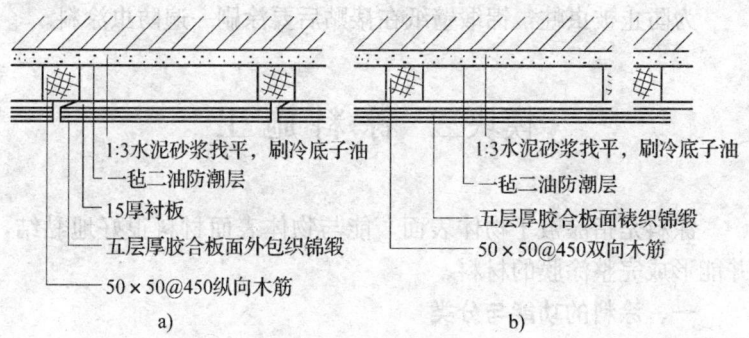

图3—6 锦缎裱糊的两种效果
a）分块式外包织锦缎 b）整体式裱糊织锦缎

施工时，首先在墙面基层上，用水泥砂浆找平并刷冷底子油；再做"一毡二油"防潮层；然后立木龙骨，纵横双向构成骨架。

锦缎柔软光滑，极易变形，不易裁剪，故很难直接裱糊在木质基层表面上。因此，在裱糊前，应先在锦缎背面上浆，并裱糊一层宣纸，使锦缎硬朗、挺括之后再上墙。

上浆用的浆液是由面粉、防虫涂料和水配合而成的，其配合比（质量比）为5∶40∶20。上浆时，把锦缎正面平铺在非常平滑的桌面上，两边压紧，用排刷蘸上浆液从中间向两边刷，使浆液均匀地涂刷在锦缎背面。浆液不要过多，以打湿背面为准。在另一张非常平滑的桌面上平铺一张幅宽大于锦缎的宣纸，用水将宣纸打湿，使纸平贴在桌面上。用水要适量，以刚好浸湿为准。把上好浆液的锦缎从桌面上抬起，使有浆液的一面向下，粘贴在浸湿的宣纸上，并用塑料刮片从锦缎中间向四边刮压，使锦缎与宣纸粘贴均匀。待宣纸干后，锦缎与宣纸就贴合在一起了。此时，便可将其从桌面取下。

裱贴前，要根据锦缎的幅宽和花纹认真裁剪，并将每个裁剪好的开片按顺序编号。裱贴时，应对号进行。

为防止被虫蛀，锦缎壁纸在裱贴后要涂刷一遍防虫涂料。

模块三　涂料施工

涂料是指涂敷于物体表面，能与物体表面材料很好地黏结，并能形成完整涂膜的材料。

一、涂料的功能与分类

涂料具有装饰、保护结构和改善环境条件等功能。装饰功能就是通过美化建筑物来提高外观价值的功能。涂料可赋予建筑物以色彩、花纹图案、立体质感和光泽等以实现对建筑物的装饰。保护结构功能就是使建筑物不受环境影响的功能。涂料具有耐水、耐碱、耐候、防锈和防腐等功能，可以提高建筑物表面抵抗阳光、风沙、雨水、雪水和有害介质的侵蚀的能力。改善条件的功能指具有防火、防水、保温、隔声、防霉、杀虫、防结露等性能。

按用途分为外墙涂料、内墙涂料、顶棚涂料、地面涂料、屋面涂料等。

按分散介质分为溶剂型涂料、水溶性涂料、水乳型涂料等。

按功能分为装饰涂料、防火涂料、防水涂料、防腐涂料、防霉涂料、防结露涂料等。

按涂层质感分为薄质涂料、厚质涂料、复层涂料等。

二、涂料施工的基本做法

建筑涂料的基本做法与施工技术密切相关，通常有滚涂、喷涂、弹涂、刷涂等。同时，在不同基层上做法也不尽相同。目前，建筑涂料可以在砖墙、混凝土墙、加气混凝土墙、陶粒空心砖墙、预制钢筋混凝土大型墙板及木材、金属表面上涂饰。

1. 外墙涂料

（1）滚涂墙面（表面滚涂聚合物水泥砂浆）

1）基层为砖墙。顺序为由外及内（下同）。其施工工序为：喷甲基硅醇钠憎水剂→滚涂聚合物水泥砂浆→喷（刷）一道107胶水溶液（107胶∶水＝1∶4，配合比下同）→用12 mm厚、配合比为1∶3的水泥砂浆打底，木抹搓平。

2）基层为混凝土墙。其施工工序为：喷甲基硅醇钠憎水剂→滚涂聚合物水泥砂浆→喷（刷）一道107胶水溶液。

3）基层为加气混凝土墙。其施工工序为：喷甲基硅醇钠憎水剂→滚涂聚合物水泥砂浆→喷（刷）一道107胶水溶液→用12 mm厚、配合比为1∶1∶6的水泥石灰膏砂浆打底，木抹搓平→喷（刷）一道107胶水溶液。

（2）喷涂墙面（表面喷涂聚合物水泥砂浆）

1）基层为砖墙。其施工工序为：喷甲基硅醇钠憎水剂→喷涂聚合物水泥砂浆三遍→喷（刷）一道107胶水溶液→用12 mm厚、配合比为1∶3的水泥砂浆打底，木抹搓平。

2）基层为混凝土墙。其施工工序为：喷甲基硅醇钠憎水剂→喷涂聚合物水泥砂浆→喷（刷）一道107胶水溶液。

3）基层为加气混凝土墙。其施工工序为：喷甲基硅醇钠憎水剂→喷涂聚合物水泥砂浆三遍→喷（刷）一道107胶水溶液→用12 mm厚、配合比为1∶1∶6水泥石灰膏砂浆打底，木抹搓平→喷（刷）一道107胶水溶液。

（3）喷涂料墙面（表面喷成品涂料）

1）基层为砖墙。其施工工序为：喷涂料面层→用6 mm厚、配合比为1∶2.5水泥砂浆罩面→用12 mm厚、配合比为1∶3水泥砂浆打底扫毛或划出纹道。

2) 基层为混凝土墙。其施工工序为：喷涂料面层→用6 mm厚、配合比为1∶2.5水泥砂浆罩面→用10 mm厚、配合比为1∶3水泥砂浆打底扫毛或划出纹道→刷水泥素浆一道。

3) 基层为加气混凝土墙。其施工工序为：喷涂料面层→用6 mm厚、配合比为1∶2.5水泥砂浆罩面→用6 mm厚、配合比为2∶1∶8水泥石灰膏砂浆打底扫毛或划出纹道→喷（刷）一道107胶水溶液。

(4) 彩色点弹涂墙面

1) 基层为砖墙。其施工工序为：用油喷枪或羊毛辊涂罩面剂一道→用3 mm厚弹色浆点→刷底色浆一道→用12 mm厚、配合比为1∶3水泥砂浆打底，木抹搓平。

2) 基层为混凝土墙。其施工工序为：用油喷枪或羊毛辊涂罩面剂一道→用3 mm厚弹色浆点→刷底色浆一道→聚合物水泥砂浆修补平整。

3) 基层为加气混凝土墙。其施工工序为：用油喷枪或羊毛辊涂罩面剂一道→用3 mm厚弹色浆点→刷底色浆一道→用12 mm厚、配合比为1∶1∶6水泥石灰膏砂浆打底，木抹搓平→喷（刷）一道107胶水溶液。

(5) 仿彩色平花花岗石弹涂墙面

1) 基层为砖墙。其施工工序为：用油喷枪或羊毛辊涂罩面剂一道→弹多色或单色平浆点→用6 mm厚、配合比为1∶2.5水泥砂浆抹平压光→用12 mm厚、配合比为1∶3水泥砂浆打底扫毛或划出纹道。

2) 基层为混凝土墙。其施工工序为：用油喷枪或羊毛辊涂罩面剂一道→弹多色或单色平浆点→用6 mm厚、配合比为1∶2.5水泥砂浆抹平压光→用10 mm厚、配合比为1∶3水泥砂浆打底扫毛或划出纹道→刷水泥素浆一道。

3) 基层为加气混凝土墙。其施工工序为：用油喷枪或羊毛辊涂罩面剂一道→弹多色或单色平浆点→用 6 mm 厚、配合比为 1∶2.5 水泥砂浆抹平压光→用 6 mm 厚、配合比为 1∶1∶6 水泥石灰膏砂浆刮平扫毛→用 6 mm 厚、配合比为 1∶0.5∶4 水泥石灰膏砂浆打底扫毛→喷（刷）一道 107 胶水溶液。

（6）仿蘑菇花岗石弹涂墙面

1) 基层为砖墙。其施工工序为：用油喷枪或刷涂罩面剂一道→模板造型，弹色浆平点→用 30～50 mm 厚、配合比为 1∶2.7 水泥砂浆→用 2～3 mm 厚抹水泥素浆一道→用 3～5 mm 厚、配合比为 1∶2.7 水泥砂浆打底扫毛。

2) 基层为混凝土墙。其施工工序为：用油喷枪或刷涂罩面剂一道→模板造型，弹色浆平点→用 30～50 mm 厚、配合比为 1∶2.7 水泥砂浆→刷一道混凝土界面处理剂（随打随抹灰）→聚合物水泥砂浆修补平整。

3) 基层为加气混凝土墙。其施工工序为：用油喷枪或刷涂罩面剂一道→模板造型，弹色浆平点→用 30～50 mm 厚、配合比为 1∶2.7 水泥砂浆→用 6 mm 厚砂浆打底扫毛，配比同前→涂刷胶浆一道。

（7）刷乳胶漆墙面

1) 基层为砖墙。其施工工序为：刷外墙用乳胶漆→用 6 mm 厚、配合比为 1∶2.5 水泥砂浆罩面，铁抹压光，水刷带出小麻面→用 12 mm 厚、配合比为 1∶3 水泥砂浆打底扫毛或划出纹道（抹灰后干燥不少于 3 天，施工温度不低于 15℃）。

2) 基层为混凝土墙。其施工工序为：刷外墙用乳胶漆→用 6 mm 厚、配合比为 1∶2.5 水泥砂浆抹平压光，水刷带出小麻面→刷水泥素浆一道，抹灰后干燥不少于 3 天，施工温度不低于 15℃。

2. 内墙涂料

（1）刮腻子喷涂墙面

1) 基层为预制板或现浇墙。其施工工序为：喷内墙涂料→满刮大白腻子（包括找补腻子、砂纸打磨），配比为大白粉：滑石粉：聚醋酸乙烯乳液：纤维素＝50∶25∶1∶0.5（质量比），适量加水→满刮石膏纤维素腻子，配比为大白粉：化石粉：聚醋酸乙烯乳液：纤维素：石膏＝50∶25∶1∶0.5∶50（质量比），适量加水→清除干净。

2) 基层为纸面石膏板墙。其施工工序为：喷内墙涂料→墙面刮腻子找平→刷防潮涂料。

3) 石膏空心条板墙。其施工工序为：喷内墙涂料→墙面刮腻子找平。

(2) 油漆墙面

1) 基层为砖墙。其施工工序为：刷无光油漆→用 5 mm 厚、配合比为 1∶0.3∶2.5 水泥石灰膏砂浆压实赶光→用 13 mm 厚、配合比为 1∶0.3∶3 水泥石灰膏砂浆打底扫毛或划出纹道。

2) 基层为混凝土墙。其施工工序为：刷无光油漆→用 5 mm 厚、配合比为 1∶0.3∶2.5 水泥石灰膏砂浆罩面压光→用 13 mm 厚、配合比为 1∶0.3∶3 水泥石灰膏砂浆打底扫毛或划出纹道→刷水泥素浆一道。

3) 基层为大模混凝土墙。其施工工序为：刷无光油漆→墙面刮腻子找平→聚合物水泥砂浆修补。

4) 基层为加气混凝土墙。其施工工序为：刷无光油漆→用 5 mm 厚、配合比为 1∶0.3∶2.5 水泥石灰膏砂浆罩面压光→用 6 mm 厚、配合比为 1∶1∶6 水泥石灰膏砂浆划出纹道→用 5 mm 厚、配合比为 1∶0.5∶4 水泥石灰膏砂浆打底扫毛或划出纹道→喷（刷）一道 107 胶水溶液。

5) 基层为纸面石膏板墙。刷无光油漆三遍。

6) 基层为石膏空心条板墙。其施工工序为：刷无光油漆→刷增强剂一道（提高条板表面强度）。

(3) 乳胶漆墙面

1) 基层为砖墙。其施工工序为：刷乳胶漆→用 5 mm 厚、配合比为 1∶0.3∶2.5 水泥石灰膏砂浆罩面压光→用 13 mm 厚、配合比为 1∶0.3∶3 水泥石灰膏砂浆打底扫毛或划出纹道。

2) 基层为混凝土墙。其施工工序为：刷乳胶漆→用 5 mm 厚、配合比为 1∶0.3∶2.5 水泥石灰膏砂浆罩面压光→用 13 mm 厚、配合比为 1∶0.3∶3 水泥石灰膏砂浆打底扫毛或划出纹道→刷素水泥浆一道。

3) 基层为大模混凝土墙。其施工工序为：刷乳胶漆→墙面刮腻子找平→聚合物水泥砂浆修补。

4) 基层为加气混凝土墙。其施工工序为：刷乳胶漆→用 5 mm 厚、配合比为 1∶0.3∶2.5 水泥石灰膏砂浆罩面压光→用 6 mm 厚、配合比为 1∶1∶6 水泥石灰膏砂浆，划出纹道→用 5 mm 厚、配合比为 1∶0.5∶4 水泥石灰膏砂浆打底扫毛或划出纹道→刷（喷）一道 107 胶水溶液。

5) 基层为纸面石膏板墙。其施工工序为：刷乳胶漆三遍。

6) 基层为石膏空心条板墙。其施工工序为：刷乳胶漆→刷增强剂一道（提高条板表面强度）。

(4) 室内彩色图案弹涂墙面

1) 基层为砖墙。其施工工序为：喷（刷）罩面剂一道→用 3 mm 厚套板弹涂→刷底色一道→用 5 mm 厚、配合比为 1∶0.3∶2.5 水泥石灰膏砂浆罩面压光→用 13 mm 厚、配合比为 1∶0.3∶3 水泥石灰膏砂浆打底扫毛或划出纹道。

2) 基层为混凝土墙。其施工工序为：喷（刷）罩面剂一道→用 3 mm 厚套板弹涂→刷底色一道→用 5 mm 厚、配合比为 1∶0.3∶2.5 水泥石灰膏砂浆罩面压光→刷水泥素浆一道。

3) 基层为大模混凝土墙。其施工工序为：喷（刷）罩面剂一道→2 mm 厚采用彩花机花饰模板弹涂→喷（刷）基面色浆→满刮腻子一道→聚合物水泥砂浆修补。

4) 基层为加气混凝土墙。其施工工序为：喷（刷）罩面剂一道→2 mm 厚采用彩花机花饰模板弹涂→喷（刷）基面色浆→满刮腻子一道→用 5 mm 厚、配合比为 1∶0.3∶2.5 水泥石灰膏砂浆罩面→6 mm 厚 1∶1∶6 水泥石灰膏砂浆划出纹道→用 5 mm 厚、配合比为 1∶0.5∶4 水泥石灰膏砂浆打底扫毛或划出纹道→喷（刷）一道 107 胶水溶液。

三、涂料施工前的准备工作

1. 施工机具

施工机具和工具包括刮刀、钢丝刷、扫帚、腻子刮板、油刷、排笔、羊毛辊、泡沫塑料辊、橡胶辊、不锈钢抹子、不锈钢压子、阴（阳）角抿子、喷枪、空气压缩机、手提式搅拌器、手提式双管喷枪、手动弹力器、电动弹力器、涂料喷枪等。

2. 涂料

建筑涂料分为有机涂料、无机涂料和有机—无机复合涂料三大类。

四、涂料施工的施工技能

1. 刷涂

刷涂是利用毛刷、排笔等工具在建筑物表面进行涂料施工的一种方法。这种方法具有设备简单、操作方便、适用面广等特点，除少数流平性差、挥发性好的涂料不宜采用刷涂法之外，大部分薄质涂料和云母厚涂料均可采用。如图 3—7 所示。

（1）刷涂操作施工工艺

刷涂顺序是先左后右、先上后下、先难后易、先边后面。一般需要刷涂 2 道，高中级装饰可再增加 1~2 道刷涂。要求刷涂薄厚均匀，颜色一致，无漏刷、流淌和刷纹，涂层丰满。

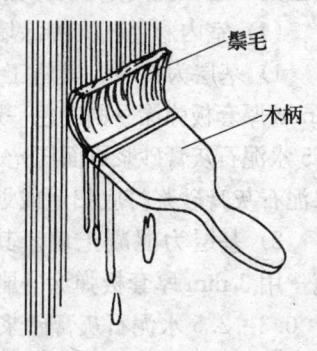

图 3—7 刷涂

(2) 刷涂操作注意事项

刷涂时,应调整好建筑涂料的黏度,以无流淌、刷纹为宜;刷涂时,刷子蘸涂料要适量,起落要轻快,保证用力均匀,刷涂厚薄、颜色一致。刷涂垂直面时,最后一道涂料应由上往下刷涂;刷涂水平面时,最后一道涂料应按光线的照射方向刷涂。刷涂木制品清漆时,最后一道清漆应顺木纹方向刷涂,后一道涂料必须在前一道涂料干燥成膜后,才能刷涂;刷涂流平性差、挥发性好的云母厚质涂料时,不能反复多次拉刷子。刷涂完工后,应仔细检查一遍,如发现有漏刷、流淌、皱皮和积料等情况时,应及时处理。

2. 滚涂

滚涂是利用软毛辊（羊毛或人造毛）、花样辊进行涂料施工的一种方法。这种方法具有设备简单、操作方便、工效高、涂饰效果好等特点。如图 3—8 所示。

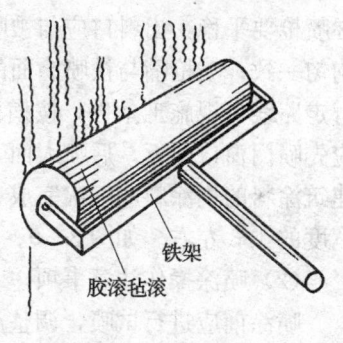

图 3—8 滚涂

(1) 滚涂操作施工工艺

滚涂顺序基本与刷涂顺序相同,先将蘸涂料的毛辊按照 W 形滚动,把涂料大致滚在墙面上,接着用毛辊在墙的上下左右平稳地来回滚动,将涂料均匀滚开,最后再用毛辊按一定方向滚动一遍。阴角及上下口一般仍需事先用刷子刷涂。

(2) 滚涂操作注意事项

滚涂平面涂料时,要求涂料的流平性好、黏度低,而作拉毛滚涂时,则要求涂料的流平性差、黏度高;滚涂时,不应过分用力压滚,不能将辊中的涂料全部用完才蘸涂料,应使辊中始终保持一定量的涂料;滚涂至接茬部位或到一定段落时,应用不蘸涂料的辊子滚压一次，以保证滚面的均匀和避免接茬部位显露痕迹；滚花时，花辊轴应与粉线保持垂直，如用导轨时应使其垂直，避免歪斜而影响装饰效果。

3. 喷涂

喷涂是利用喷枪（或喷斗）将涂料喷涂于被装饰物的基层上的一种机械施涂方法。这种方法具有涂膜外观质量好、工效高等特点。大面积施工时，可通过调整涂料黏度（稠度）、喷嘴口径大小及喷涂压力，获得不同的装饰质感。若涂料黏度低，喷嘴小，喷涂压力大，则可获细颗粒状、平壁状涂层；反之，则可获得粗颗粒状、凹凸花纹装饰质感的涂层。

(1) 喷涂操作施工工艺

喷涂用压缩空气压力一般控制在 $0.3\sim0.8\ MPa$（兆帕）；手握喷枪要平稳，出料口应与被喷涂面保持垂直，喷枪移动速度应均匀一致；喷枪嘴与被喷涂面的距离应控制在 $40\sim60\ cm$，喷涂行走路线可视施工条件，按横向或竖向 S 形往返喷涂；喷涂时，应先喷门窗口附近，后喷大面，一般需要喷涂 2 道，但喷涂复层建筑涂料的主涂料应一次完成；喷涂面的搭接宽度应控制在喷涂宽度的 1/3 左右。如图 3—9、图 3—10、图 3—11 所示。

(2) 喷涂操作注意事项

喷涂前应进行试喷，调整涂料的黏度、喷嘴口径大小和喷涂压力，经设计人员认可后，方可进行正式喷涂；不喷涂的部位应进行遮挡，以免污染；喷涂接茬部位必须留在分格缝、水落管和墙的阴角处；喷涂时，喷枪移动的速度应均匀，点状分布应均匀一致，边喷涂、边观察，防止漏喷和喷涂不匀。

五、涂料施工的主要工序

1. 混凝土表面和抹灰表面施涂

施涂前，应做好基层处理工作，如有缺棱、短角处应用水泥砂浆或聚合物水泥砂浆修补，有麻面、缝隙必须用腻子补平。

外墙涂料施工，同一墙面应用同一批号的涂料，每遍涂料不

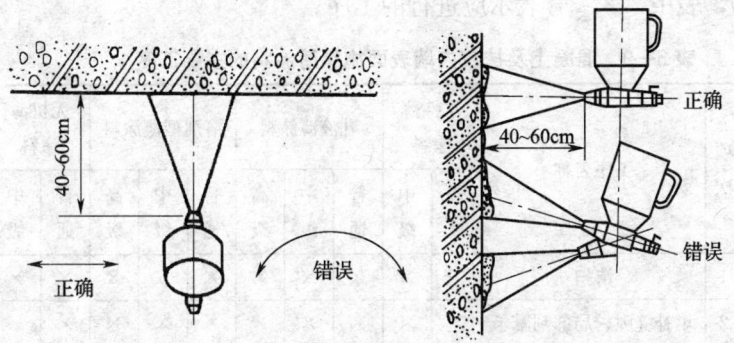

图 3—9 喷涂墙面示意图

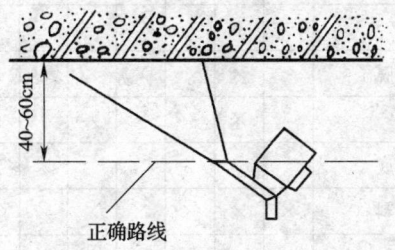

图 3—10 喷涂顶棚示意图

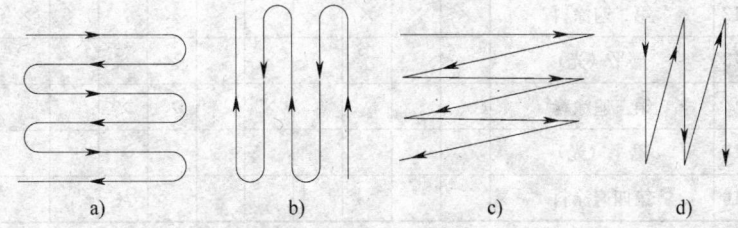

图 3—11 喷涂行走示意图

a) 横向喷涂正确路线　b) 竖向喷涂正确路线　c)、d) 错误的喷涂路线

宜施涂过厚，涂层应均匀，颜色应一致。

(1) 混凝土及抹灰内墙表面施涂薄涂料的主要工序见表 3—

9，表中"×"号表示应进行的工序。

表3—9 混凝土及抹灰内墙表面施涂薄涂料的主要工序

项次	工序名称	水性薄涂料		乳液薄涂料			溶剂型薄涂料			无机薄涂料	
		普通	中级	普通	中级	高级	普通	中级	高级	普通	中级
1	清扫	×	×	×	×	×	×	×	×	×	×
2	填补缝隙、局部刮腻子	×	×	×	×	×	×	×	×	×	×
3	磨平	×	×	×	×	×	×	×	×	×	×
4	第一遍满刮腻子	×	×	×	×	×				×	×
5	磨平	×	×	×	×	×				×	×
6	第二遍满刮腻子		×		×	×					×
7	磨平		×		×	×					×
8	干性油打底						×	×	×		
9	第一遍涂料	×	×	×	×	×	×	×	×	×	×
10	复补腻子				×	×		×	×		
11	磨平（光）				×	×		×	×		
12	第二遍涂料		×	×	×	×	×	×	×		×
13	磨平（光）					×			×		
14	第三遍涂料					×			×		
15	磨平（光）								×		
16	第四遍涂料								×		

注：机械喷涂可不受上表中遍数的限制，高级内墙施涂薄涂料，必要时，可增加刮腻子遍数及1～2遍涂料，湿度较高或局部遇明水的房间，应用耐水性的腻子和涂料。

（2）混凝土及抹灰外墙表面施涂薄涂料的主要工序见表3—10，表中"×"号表示应进行的工序。

表 3—10 混凝土及抹灰外墙表面施涂薄涂料的主要工序

项次	工序名称	乳液薄涂料	溶剂型薄涂料	无机薄涂料
1	修补	×	×	×
2	清扫	×	×	×
3	填补缝隙、局部刮腻子	×	×	×
4	磨平	×	×	×
5	施涂封底涂料	×	×	×
6	施涂主层涂料	×	×	×
7	滚压	×	×	×
8	第一遍涂料	×	×	×
9	第二遍涂料	×	×	×

注：机械喷涂可不受上表中涂料遍数的限制，若施涂二遍涂料后，装饰效果仍不理想，可增加 1~2 遍涂料。

(3) 混凝土及抹灰外墙表面施涂厚涂料的主要工序见表 3—11，表中"×"号表示应进行的工序。

表 3—11 混凝土及抹灰外墙表面施涂厚涂料的主要工序

项次	工序名称	合成树脂乳液厚涂料 合成树脂乳液砂壁状涂料	无机厚涂料
1	修补	×	×
2	清扫	×	×
3	填补缝隙、局部刮腻子	×	×
4	磨平	×	×
5	第一遍厚涂料	×	×
6	第二遍厚涂料	×	×

注：机械喷涂可不受上表中涂料遍数的限制，合成树脂乳液和无机厚涂料呈云母状、砂粒状；砂壁状建筑涂料必须采用机械喷涂方法，砂粒状厚涂料宜采用喷涂方法。

2. 木料表面施涂

木料表面施涂的材料有溶剂型混色涂料和清漆两大类。溶剂型混色涂料按质量要求分为普通、中级和高级。清漆按质量要求分为中级和高级。

（1）木料表面施涂溶剂型混色涂料的主要工序见表3—12。

表3—12　木料表面施涂溶剂型混色涂料的主要工序

项次	工序名称	普通级涂料	中级涂料	高级涂料
1	清扫、起钉子、除油污等	×	×	×
2	铲去脂囊、修补平整	×	×	×
3	磨砂纸	×	×	×
4	节疤处点漆片	×	×	×
5	干性油或带色干性油打底	×	×	×
6	局部刮腻子、磨光	×	×	×
7	腻子处涂干性油	×	×	×
8	第一遍满刮腻子		×	×
9	磨光		×	×
10	第二遍满刮腻子			×
11	磨光			×
12	刷涂底涂料			×
13	第一遍涂料	×	×	×
14	复补腻子	×	×	×
15	磨光		×	×
16	湿布擦净		×	×
17	第二遍涂料		×	×
18	磨光（高级涂料用水砂纸）		×	×
19	湿布擦净			×
20	第三遍涂料		×	×

（2）涂清漆的主要工序见表3—13。

表 3—13　　木料表面施涂清漆的主要工序

项次	工序名称	中级清漆	高级清漆
1	清扫、起钉子、除油污等	×	×
2	磨砂纸	×	×
3	润粉	×	×
4	磨砂纸	×	×
5	第一遍满刮腻子	×	×
6	磨光	×	×
7	第二遍满刮腻子		×
8	磨光		×
9	刷油色		×
10	第一遍清漆	×	×
11	拼色	×	×
12	复补腻子	×	×
13	磨光	×	×
14	第二遍清漆	×	×
15	磨光	×	×
16	第三遍清漆	×	×
17	磨水砂纸		×
18	第四遍清漆		×
19	磨光		×
20	第五遍清漆		×
21	磨退		×
22	打砂蜡		×
23	打油蜡		×
24	擦亮		×

注：高级涂料作磨退时，宜用醇酸涂料涂刷，并根据涂膜厚度增加 1~2 遍涂料和磨退、打砂蜡、擦亮等工序。

3. 金属表面施涂

金属表面涂刷涂料按质量要求分为普通、中级和高级。金属表面施涂涂料主要指钢门、钢窗、钢屋架、钢框架柱、钢框架梁以及楼梯踏步、栏杆、管道和薄钢板制品等。这些金属制品暴露在大气中日久会生锈，必须涂防腐蚀涂料加以保护。

金属表面施涂的主要工序见表3—14。

表3—14　　　　金属表面施涂的主要工序

项次	工序名称	普通级涂料	中级涂料	高级涂料
1	除锈、清扫、磨砂纸	×	×	×
2	刷涂防锈涂料	×	×	×
3	局部刮腻子	×	×	×
4	磨光	×	×	×
5	第一遍满刮腻子		×	×
6	磨光		×	×
7	第二遍满刮腻子			×
8	磨光			×
9	第一遍涂料	×	×	×
10	复补腻子		×	×
11	磨光		×	×
12	第二遍涂料	×	×	×
13	磨光		×	×
14	湿布擦净		×	×
15	第三遍涂料		×	×
16	磨光（用水砂纸）			×
17	湿布擦净			×
18	第四遍涂料			×

六、常见的施工缺陷及预防措施

1. 质量要求

(1) 施涂薄涂料表面的质量要求见表 3—15。

表 3—15　　　　　薄涂料表面的质量要求

项次	项目	普通级薄涂料	中级薄涂料	高级薄涂料
1	掉粉、起皮	不允许	不允许	不允许
2	漏涂、透底	不允许	不允许	不允许
3	反碱、咬色	允许少量	允许轻微少量	不允许
4	流坠、疙瘩	允许少量	允许轻微少量	不允许
5	颜色、刷纹	颜色均匀一致	允许有少量轻微砂眼,刷纹通顺	颜色均匀一致,无砂眼,无刷纹
6	装饰线、分色线平直(拉5m线检查,不足5m拉通线检查)	偏差不大于3mm	偏差不大于2mm	偏差不大于1mm
7	门窗、灯具等	洁净	洁净	洁净

(2) 施涂厚涂料表面的质量要求见表 3—16。

表 3—16　　　　　厚涂料表面的质量要求

项次	项目	普通级厚涂料	中级厚涂料	高级厚涂料
1	漏涂、透底起皮	不允许	不允许	不允许
2	反碱、咬色	允许少量	允许轻微少量	不允许
3	颜色、点状分布	颜色均匀一致	颜色均匀一致,疏密均匀	颜色均匀一致,疏密均匀
4	门窗、灯具等	洁净	洁净	洁净

(3) 施涂溶剂型混色涂料表面的质量要求见表 3—17。

表 3—17　　　施涂溶剂型混色涂料表面的质量要求

项次	项目	普通级涂料	中级涂料	高级涂料
1	脱皮、漏刷、反锈	不允许	不允许	不允许
2	透底、流坠、皱皮	大面不允许	大面、小面、明显处不允许	不允许
3	光泽、光滑	光泽基本均匀，光滑无挡手感	光泽基本均匀，光滑无挡手感	光泽基本均匀，光滑无挡手感
4	分色裹楞	大面不允许，小面允许偏差3 mm	大面不允许，小面允许偏差2 mm	不允许
5	装饰线、分色线平直（拉5 m线检查，不足5 m拉通线检查）	偏差不大于3 mm	偏差不大于2 mm	偏差不大于1 mm
6	颜色、刷纹	颜色均匀一致，刷纹通顺	颜色均匀一致，刷纹通顺	颜色均匀一致，无刷纹
7	五金、玻璃等	洁净	洁净	洁净

（4）施涂清漆表面的质量要求见表 3—18。

表 3—18　　　　清漆表面的质量要求

项次	项目	中级涂料（清漆）	高级涂料（清漆）
1	漏刷、脱皮、斑迹	不允许	不允许
2	木纹	棕眼刮平、木纹清楚	棕眼刮平、木纹清楚
3	光泽、光滑	光泽基本均匀一致，光滑无挡手感	光泽基本均匀一致，光滑无挡手感
4	裹棱、流坠、皱皮	大面、小面、明显处不允许	不允许
5	颜色、刷纹	颜色基本一致，无刷纹	颜色均匀一致，无刷纹
6	五金、玻璃等	洁净	洁净

2. 质量常见问题的产生原因及预防措施

(1) 涂料在贮存中常见的质量问题有浑浊、沉淀、变稠、结皮、变色、发胀、胶凝、假厚等。其主要原因和预防措施如下：

1) 浑浊。浑浊是指溶剂（或其他涂料）中含有水分或性质不同的两种清漆混合的现象。

产生原因：由于溶剂中的水未倒干净，或由于溶剂桶未盖严密，放置室外，淋入雨水。清油、清漆加入催干剂（尤其是铅催干剂）后，在有水分或低温的地方放置。稀释剂使用不当，如用量过多，则清漆呈胶状；如稀释剂溶解性差，则部分成膜物质不溶解。

预防措施：溶剂桶要盖严，不要放在室外，防止水分进入桶内。如溶剂中含有水分、苯类、汽油、松节油等，可用分层法分离。清油、清漆的水分可用水溶加热（65℃）的方法消除。贮存室的温度要保持在20℃左右。若稀释剂有少许浑浊，可以加一些松节油或苯类环烃溶剂来改善，根据成膜物质的不同，使用适合的稀释剂。性质不同的清漆，应注意避免混合。

2) 沉淀。沉淀是指涂料在贮存或使用期间，颜料从胶黏剂中分离出来的现象。

产生原因：颜料密度大、颗粒较粗，填充料较多，涂料黏度小、研磨分散得不够均匀等；稀释剂用量过多，降低了涂料的黏度；涂料贮存时间过长。

预防措施：定期将涂料桶横放或倒置，先入库的先使用；对于已干硬、无油的，必须将硬块取出，碾轧或揉碎后，再放回原桶，充分搅拌均匀，过滤后方可使用。

3) 变稠（变厚）。变稠是指涂料在贮存中黏度变稠，其至呈冻结状的现象。

产生原因：用错稀释剂，混入不合适的材料；涂料贮存时间过长，超过规定贮存期。此外，还有涂料桶的桶盖未盖严密，涂料桶漏气、漏液，涂料溶剂挥发，贮存温度过高或过低等原因。

预防措施：按规定使用稀释剂，不要把不同类型的涂料混合；涂料应在规定的贮存期间用完；涂料桶的桶盖要盖严，同时，在涂料内加一些丁醇来防治；更换涂料桶；贮存环境防止曝晒，贮存库房的温度要保持在 20℃左右。

4) 结皮。结皮是指涂料（主要是油性涂料）在桶中或瓶中贮存一段时间后，在液面上结成一层薄皮而封闭下部的液体涂料，使其不能倒出的现象。

产生原因：涂料桶装不满，桶盖未盖严密，漏气；涂料含过度聚合桐油较多；色涂料过稠；颜料含量较多；催干剂过多等。

预防措施：涂料桶要盖严，不得漏气，如漏气，应更换新桶；尽量先用黏度大的涂料；如用后剩余的涂料不多，不要用原桶盛放，应更换小容器存放，并在涂料面上盖一层牛皮纸，然后盖严桶盖，使用时去掉膜皮，用后在表面倒一层同类型稀料，盖严桶盖。

5) 胶凝。

产生原因：油料聚合过度，黏度增高或结成冻胶。如着色颜料（铁蓝等）碰到聚合度很高的涂料，会凝聚成固体。

预防措施：利用机械作用重新分散，加入少许有机酸（安息香酸）。

(2) 涂料在施涂中和涂层使用初期常见的质量问题有流挂、流淌、表面起粒、皱纹、陷穴、起泡、缩边、开裂、脱皮、透底、咬色、慢干、返黏等。其产生原因和预防措施如下：

1) 流挂、流淌。流挂、流淌是指在涂料施涂过程中，部分涂料由于重力作用在涂饰物的垂直表面上产生下垂的现象。

产生原因：溶剂挥发缓慢，周围空气中溶剂浓度高、湿度大；涂料黏度过小，施涂过厚；施工环境温度过低，涂膜干燥太慢；涂料中含有密度大的颜料，搅拌不匀；被涂饰物表面不平整，或表面有油、水等污物，造成涂膜下垂。

预防措施：选择适当的溶剂，控制基层（体）的含水率达到规范的要求；提高操作人员的技术水平，控制施涂厚度，以保证质量；控制涂料的施涂黏度，涂料在施涂前和施涂时应充分搅拌均匀；被涂饰物表面应处理平整，无油污；施工环境温度应保持在10℃左右。

2) 表面起粒。表面起粒是指涂料涂刷在物体表面上造成粗粒突起、部分涂膜提早损坏的现象。

产生原因：物体表面未清理干净，有砂粒等混入；物体周围环境未清理干净，有灰尘、杂物粘在油刷上，涂在涂膜里面；涂料本身不干净，过箩不细致；涂料内气泡未散开，尤其是天气冷时，气泡更不易散开；喷枪不清洁。

预防措施：选用良好的涂料，过细箩调和均匀，无气泡后再使用；被涂饰物表面要清理干净；保持施工环境无灰尘、杂物；喷硝基涂料宜用专用喷枪，如用喷过油性涂料的喷枪喷硝基涂料时，事先应将喷枪清理干净。

3) 皱纹。皱纹是指涂膜干燥后表面不光滑、不光亮，表面收缩形成很多弯曲的棱脊的现象。

产生原因：涂料质量不好，溶剂挥发太快，催干剂过多或涂料调配不均匀；涂膜涂刷过厚且不均匀；在高温或日光曝晒条件下施工。

预防措施：选用优良涂料，不得任意加入催干剂；避免在高温或日光曝晒条件下施工；选用刷毛较硬的涂刷，力求均匀一致。

4) 陷穴。陷穴是指在涂膜上有凹陷状的弧坑的现象。

产生原因：雨点落在湿涂膜上；小的液滴在湿涂膜上的冷凝作用；大雾在湿涂膜面上起作用等。

预防措施：下雨前，避免在室外施涂涂料；避免在潮湿的大气中施涂涂料；下雾前，应使涂层达到手触时感到干燥的程度。

5) 起泡。起泡指涂料干透后，涂膜表面有气泡鼓起的现象。

产生原因：涂料涂刷太厚，涂膜表面已干燥而稀释剂还未完全挥发,则将涂膜顶起,形成气泡;环境温度太高或日光强烈照射,底涂料未干透就罩上面涂料,底涂料干结产生气体,将涂膜顶起;基层含水率较高,有的木材含有松香及挥发油,受热蒸发产生气体,将涂膜顶起。

预防措施:基层含水率要符合规范要求;木材的松脂和节疤要清除,并且要点刷清漆;不在高温下施工;涂料不宜太厚,并分层进行;前遍涂层未干透,不得涂刷后遍。已起泡的涂层要彻底清除,补好腻子,重新涂刷。

6) 缩边。缩边是指涂料或清漆涂层在表面形成断续的涂膜,涂膜以球形卷曲回来,留下小而圆的裸露斑点。

产生原因:在油质表面涂刷涂料;在非常光滑、有光泽的表面涂刷涂料;在油性中间涂层上涂刷涂料等,都容易出现缩边现象。

预防措施:要彻底刷洗、漂洗表面;打磨掉光泽;不要与中间涂层掺杂,轻轻湿磨。

7) 开裂或裂纹。开裂或裂纹是指由于面层涂料的伸缩与底层不一致而使表面开裂的现象。

产生原因:在软而有弹性的涂层上涂刷稠度大的涂料;在底层涂料干燥前就涂刷上一层涂料;干燥剂过多;涂膜上沾有浆糊或胶水等。

预防措施:正确选择涂料的品种;达到规定的干燥时间后,再涂刷下一层涂料;干燥剂应掺得适量;涂膜上沾有浆糊或胶水应立即除去。

8) 透底。透底是指物体表面涂刷的涂料太薄,缺乏覆盖底层能力或失去光泽的现象。

产生原因:调配涂料时调和不匀,密度大的下沉;稀释剂加入太多,破坏了原涂料的稠度。

预防措施:严格控制涂料稠度,不要随意在涂料中加稀释剂。

9) 咬色。咬色是指面层涂料成膜后,底涂料颜色渗透到面层上，造成色泽不一致的现象。

产生原因：底层表面上有油污，木材节疤没有点刷漆片清漆；底漆料未充分干燥，涂膜不牢固，面涂料内的稀释剂溶解性强，使底涂料颜色浮出。

预防措施：木材脂囊必须清除掉，节疤处应点刷 2~3 遍漆片清漆；被涂饰物表面应清理干净，面涂料要与底涂料配套使用，并待底涂料干透后再涂刷面涂料。

◆装饰装修实例：

某影音器材专卖店正在进行店面装修，设计师提出将试音室的墙面涂刷成鸡皮皱面效果（涂饰鸡皮皱面层是使面层涂膜产生均匀美观的皱纹和疙瘩，它不仅有保护基体和装饰的作用，而且还有消声作用），以提高墙面的漫反射强度，提升音质效果，防止声音传播到其他房间。现就设计师提出的要求开始施工。

涂饰鸡皮皱面层的施工包括涂刷底层涂料和涂刷鸡皮皱面层。

首先涂刷底层涂料。其施工工序为：基层处理→涂刷清油→刮第一遍腻子→磨平→刮第二遍腻子→磨平→刷底层涂料（调和漆）。

待上述工序完成后，进行涂刷鸡皮皱面层。鸡皮皱面层的施工质量，主要取决于涂料的配比和操作水平。常用于涂饰鸡皮皱面层的涂料有白厚漆和白调和漆等。一般应在涂料中加入 20%~30% 的大白粉（质量比），并用松节油进行稀释。使用前，应进行试拍，确认配料满足要求后，方可大面积投入使用。

在涂刷鸡皮皱涂料时，应拍打鸡皮皱。由两个人操作，一人涂刷，一人拍打。拍打要用专用的刷子（如图 3—12 所示）。鸡皮皱涂层厚度一般为 2 mm 左右，拍打时，刷毛应与墙面平行，距墙面 20 cm 左右，一起一落，利用刷毛与墙面产生的弹性，将涂层拍击成稠密、散布均匀的疙瘩，并且要求表面起粒均匀、大小一致。

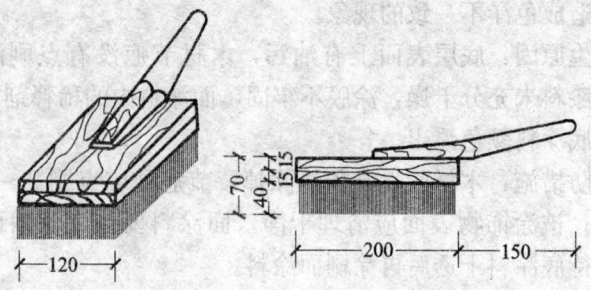

图 3—12　拍打鸡皮皱使用的刷子

模块四　贴面类施工

饰面砖多为陶瓷类产品，在我国一般认为是传统的陶瓷制品。从产品的种类来讲，陶瓷应是陶器和瓷器的总称。但从材质来讲，陶瓷制品有的属于陶质，有的属于炻质。

饰面砖广泛用于墙体的内外装修和地面装修，是一种中档装修做法。

一、贴面砖施工的基本做法

饰面砖的基本构造包括底层砂浆、黏结层砂浆和饰面砖面层三部分。底层砂浆又称找平层，其目的是在饰面层与墙体基层之间起黏附和找平作用。黏结层砂浆使饰面材料牢固地与底层形成良好的连接。饰面砖有陶瓷制品、釉面砖、劈离砖、缸砖等。

1. 排砖与布缝

影响饰面砖装饰效果的因素，除面砖自身的质量外，还有面砖的排列方式及对不同部位的特殊处理。

饰面砖竖向排列与横向排列的装饰选择，要与立面设计的艺术处理相一致。面砖排列的缝隙大小、颜色深浅、分块尺寸都会影响立面的装饰效果。

饰面砖常见的分缝方法有不留缝、横向与竖向均留缝、水平留缝、垂直留缝、交错布缝等几种。如图3—13所示。

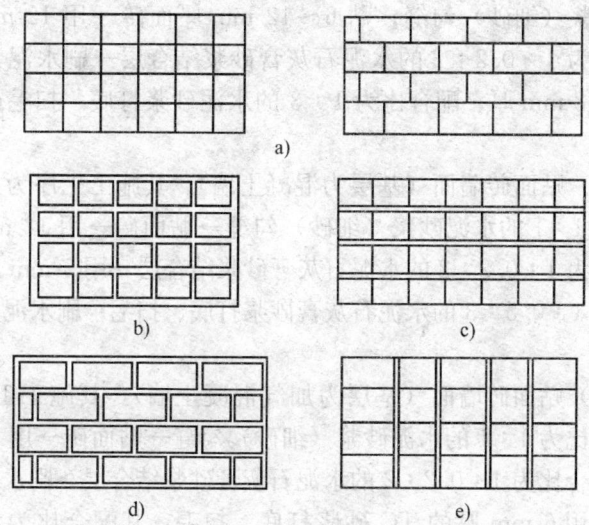

图3—13 面砖排列方式与布缝
a) 不留缝 b) 横竖留缝 c) 水平留缝 d) 交错布缝 e) 垂直留缝

2. 水泥砂浆的选择

饰面砖各层采用的砂浆均不尽相同。底层砂浆多用配合比为1∶3或1∶2.5的水泥砂浆。黏结层砂浆可用配合比为1∶2或1∶1的水泥砂浆、水泥素浆、聚合物水泥砂浆以及特制胶等。聚合物水泥砂浆的配合比为水泥∶石灰膏∶砂子＝1∶0.2∶2，其中掺入5%的107胶。为保证边角部位的黏结质量和面砖修补时的强度，一般选用环氧树脂水泥浆，其配合比为环氧树脂∶乙二胺∶水泥＝100∶(6～8)∶(100～50)。

砂浆厚度一般为：底层5～8 mm（其中砖墙8 mm、混凝土墙5 mm，加气混凝土块墙6 mm），结合层12 mm。砂浆过厚会造成干缩变形过大，形成开裂，甚至面砖连同砂浆层一起脱落；砂浆过薄则不容易黏结牢固。

下面介绍饰面砖的装饰施工工序。

(1) 贴面砖墙面（基层为砖墙）。其施工工序为：用1∶1的水泥砂浆（细砂）勾缝；贴6～12 mm厚面砖→用12 mm厚、配合比为1∶0.2∶2的水泥石灰膏砂浆结合层→刷水泥素浆一道→用8 mm厚、配合比为1∶3的水泥砂浆打底、扫毛或划出纹道。

(2) 贴面砖墙面（基层为混凝土墙）。其施工工序为：用配合比为1∶1的水泥砂浆（细砂）勾缝→贴面砖→用12 mm厚、配合比为1∶0.2∶2的水泥石灰膏砂浆结合层→用5 mm厚、配合比为1∶0.5∶3的水泥石灰膏砂浆打底、扫毛；刷水泥素浆一道。

(3) 贴面砖墙面（基层为加气混凝土墙）。其施工工序为：用配合比为1∶1的水泥砂浆（细砂）勾缝→贴面砖→用12 mm厚、配合比为1∶0.2∶2的水泥石灰膏砂浆结合层→刷水泥素浆一道→用6 mm厚的TG砂浆打底、扫毛，其配合比为水泥∶砂∶TG胶∶水＝1∶6∶0.2∶适量→刷TG胶浆一道，其配合比为TG胶∶水∶水泥＝1∶4∶1.5。

TG胶为TG胶黏剂的简称，TG胶与水泥、砂子、水等材料混合拌制成的TG砂浆具有较好的和易性、保水性和黏结性能，它可以省去砌块墙面挂钢丝网的传统做法，还具有操作时墙面干、作业不需浇水等特点。

为增强黏结力，还可以在面砖的背面随贴随刷一道混凝土界面处理剂。

(4) 贴锦砖墙面（基层为砖墙）。其施工工序为：水泥擦缝→贴锦砖（陶瓷锦砖或玻璃锦砖）→用3 mm厚、配合比为1∶1∶2的纸筋石灰膏水泥混合灰浆结合层→刷水泥素浆一道→用12 mm厚、配合比为1∶2.5的水泥砂浆打底、刮平、扫毛。

(5) 贴锦砖墙面（基层为混凝土墙）。其施工工序为：水泥擦缝→贴锦砖→用3 mm厚、配合比为1∶1∶2的纸筋石灰膏水泥混合灰浆结合层→刷水泥素浆一道。

(6) 贴锦砖墙面（基层为加气混凝土墙）。其施工工序为：水泥擦缝→贴锦砖→用 3 mm 厚、配合比为 1∶1∶2 的纸筋石灰膏水泥混合灰浆结合层→刷水泥素浆一道→用 6 mm 厚、配合比为 1∶2.5 的水泥砂浆打底刮平扫毛→用 6 mm 厚的 TG 砂浆打底扫毛，其配合比为水泥∶砂∶TG 胶∶水＝1∶6∶0.2∶适量→涂刷 TG 胶浆一道，其配合比为 TG 胶∶水∶水泥＝1∶4∶1.5。

为增强黏结力，还可以在锦砖的背面随贴随刷一道混凝土界面处理剂。

上述 6 种基本做法均为外墙面做法。其粘贴状况如图 4→14 所示。

(7) 釉面砖（瓷砖）墙面（基层为砖墙）。其施工工序为：白水泥擦缝→贴釉面砖→用 8 mm 厚、配合比为 1∶0.1∶2.5 的水泥石灰膏砂浆结合层→用 12 mm 厚、配合比为 1∶3 的水泥砂浆打底扫毛或划出纹道。

(8) 釉面砖（瓷砖）墙面（基层为混凝土墙）。其施工工序为：白水泥擦缝→贴釉面砖→用 8 mm 厚、配合比为 1∶0.1∶2.5 的水泥石灰膏砂浆结合层→用 10 mm 厚、配合比为 1∶3 的水泥砂浆打底、扫毛或划出纹道→刷一道混凝土界面处理剂（随刷随抹底灰）。

(9) 釉面砖（瓷砖）墙面（基层为大模板混凝土墙面）。其施工工序为：白水泥擦缝→贴釉面砖→用 8 mm 厚、配合比为 1∶0.1∶2.5 的水泥石灰膏砂浆结合层→刷一道混凝土界面处理剂（随刷随抹底灰）→聚合物水泥砂浆补墙面。

(10) 釉面砖（瓷砖）墙面（基层为加气混凝土墙）。其施工工序为：白水泥擦缝→贴釉面砖→用 8 mm 厚、配合比为 1∶0.1∶2.5 的水泥石灰膏砂浆结合层→用 7 mm 厚、配合比为 2∶1∶8 的水泥石灰膏砂浆打底、扫毛或划出纹道，也可用 7 mm

厚的 TG 砂浆打底扫毛，其配合比为水泥∶砂∶TG 胶∶水＝1∶6∶0.2∶适量→喷（刷）一道 107 胶水溶液，其配合比为：107 胶∶水＝1∶4，也可采用涂 TG 胶浆一道，其配合比为 TG 胶∶水∶水泥＝1∶4∶1.5。

（11）釉面砖（瓷砖）墙面（基层为纸面石膏板墙）。其施工工序为：白水泥擦缝；粘贴釉面砖（在釉面砖背面刷 2～3 mm 厚建筑黏结剂，然后粘贴）。

（12）釉面砖（瓷砖）墙面（基层为石膏空心板墙）。其施工工序为：白水泥擦缝；粘贴釉面砖（在釉面砖背面刷 2～3 mm 厚黏结剂，然后粘贴），配合比为黏结剂∶石英粉∶水泥＝1∶2∶1。

上述六种基本做法均为内墙面做法。

二、贴面砖施工前的准备

1. 施工机具

饰面砖施工常用的机具有釉面砖切割机、切砖刀、胡桃钳、手凿、水平尺、墨斗、灰起子、靠尺、木锤、薄钢片及抹灰工具等。

2. 施工材料

饰面砖施工的主要材料是饰面砖，包括陶质制品、炻质制品和瓷质制品等。

3. 基层处理

（1）墙面处理。墙面处理包括混凝土墙面、加气混凝土墙面、砖墙面和旧建筑墙面的处理。

1）混凝土墙面。用火碱或其他洗涤剂将模板上留下的隔离剂清洗干净，并用清水洗净。甩上配合比为 1∶1 的水泥砂浆，再用 30％的 107 胶和 70％的水拌成水泥浆，甩成小拉毛，两天后抹成配合比为 1∶3 的水泥砂浆底层。

2）加气混凝土墙面。在基体清洗干净后，刷一道 107 胶水溶液，为保证饰面砖镶贴牢固，可满钉机制镀锌铁丝网一道。

3) 砖墙面。剔除砖墙上多余的灰浆并清扫浮土,用清水湿润墙面,抹配合比为1∶3的水泥砂浆底层。

4) 旧建筑物墙面。彻底铲除并清洗油渍等污垢,用钢凿把墙面凿毛,以保证饰面砖不脱落。

(2) 找平层施工。找平层施工包括贴灰饼、冲筋,抹底层砂浆和抹中层砂浆。

1) 贴饼、冲筋。找平层应吊垂线、贴灰饼。外墙面作找平层时,应在房屋小角用经纬仪和线锤,按找平层的厚度,从顶到底测定垂直线,沿垂线每隔1 200~1 500 mm作一次标志;内墙面作找平层时,应在四角吊垂线、拉通线、确定抹灰厚度后贴灰饼,连通灰饼,进行冲筋,作为找平层砂浆的垂直度和平整度的标准。

2) 抹底层砂浆。底层砂浆应严格控制材料,抹灰前,应润湿基体,并保证每层抹灰厚度不超过7 mm。为克服混凝土抹灰层的空鼓,可在抹灰前在基体表面刷界面胶黏剂和改性环氧树脂。找平层抹完后,应洒水养护3~7天。

3) 抹中层砂浆。中层砂浆的作用在于精确找平,一般厚度不大于5 mm。操作时,应随手带平,俗称"铁板槌"。

三、贴面砖施工的施工技能

在基层"铁板槌"完成后,即可进行内外墙面饰面砖的镶贴。

1. 外墙饰面砖的镶贴

(1) 按设计图纸要求进行排列镶贴。常见的排列方法有水平排列、竖直排列和混合排列等。接缝有关尺寸为:密缝1~3 mm,离缝4 mm以上。

(2) 阳角部位必须都是整块砖,并将拼缝留在侧边,亦可采取整砖对角镶贴。

(3) 镶贴前,应有专人对面砖进行挑选,凡外形歪斜、缺棱、掉角、翘棱、颜色不均匀的应剔除。不同规格的面砖要分别堆放。相同规格的面砖用套板分大、中、小三类，再根据面砖的数量分别在不同部位使用。

(4) 基层表面上的杂质、油污应清除干净，光滑的基层要凿毛。抹灰找平层前，应浇水湿润基体，特别是暑期要浇足，否则找平层的砂浆会酥松脱壳。当基层或基体的偏差较大时，找平层应分遍进行，若一次抹得太厚，砂浆易于开裂。涂抹应平整，表面要粗糙。平整可减少镶贴砂浆的厚薄不匀，粗糙可增强砂浆的黏结力。

门窗口及其他钢木等配件、预埋件应安装正确，不能漏项。门窗口标高位置必须准确，务必做到上下、左右、进出一条线。混凝土墙柱、过梁等，如有凹凸不平，要凿平或用配合比为1：3的水泥砂浆分层补平。

(5) 分格、弹线，用线锤吊线后，在外墙阳角用钢栓花篮螺钉拉垂线，根据阳角钢丝出墙面标志，墙角上每隔1.5～2.0 m（墙应考虑拉通、挂直及阴、阳角方正）用粉袋按设计进行弹线。一般可弹出分层水平线，在山墙面每隔1 m左右弹一根垂直线（根据面砖块数确定），在层高范围内，应根据实际选用面砖的尺寸，划出分层皮数。

弹线应根据面砖的实际尺寸分别进行排列，分块线应以整砖为准，不得在墙中留找砖，若有应留在两边。如为砖柱，应留在侧壁内侧，其正面如有找砖，应对称放置。外墙面砖饰面的找砖，若位置留得不妥，则会影响饰面效果，所以一般应先分好块。

(6) 面砖应按设计要求进行排列。尺寸误差较大的面砖，不能大面积无缝镶贴，应采用划块留缝镶贴，以使用接缝大小调整面砖尺寸的误差。

(7) 面砖镶贴前，应清扫干净，并浸水湿润。如不经湿润，干的面砖吸水性强，会吸去砂浆中的水分，使镶贴砂浆早期脱水，失去黏结作用。如面砖过湿，表面的明水会使镶贴砂浆水灰比加大、黏结力降低。因此，外墙墙面砖浸水湿润后，必须待其表面晾干后方可使用。这样的面砖是外干内湿、不吸水、表面又无明水，即可保证镶贴质量。

(8) 镶贴面砖。有以下几种方法：

1) 砂浆粘贴法。用配合比为 1∶2 的水泥砂浆粘贴，其黏结力强，操作容易掌握，即使面砖厚度偏差较大，平整度也容易控制，所以一般均采用此法。砂浆的厚度应控制在 6～10 mm，为了改善操作条件，砂浆中可掺入不大于水泥质量 15% 的石灰膏或纸筋石灰膏，以增加砂浆的和易性。砂浆的稠度要适当，不能时稀时稠，以防砂浆硬化时收缩不一致。

镶贴的砂浆应饱满，否则难以贴平。镶贴时，要减少敲击和挪动，否则砂浆中的水分会浮到面砖背面上，使该处水灰比变大、黏结力降低、镶贴不牢。多敲多挤还能使相邻面砖移动，甚至脱落。

2) 水泥浆粘贴法。采用这种方法时，其基层或找平层必须分层涂抹，然后在表面随手划纹，待其七八成干后，再洒水涂抹 2～3 mm 厚的水泥浆粘贴面砖。对面砖厚度的要求比较高，不得厚薄不均，否则会使表面平整度较差。这种方法速度快，适合用于粘贴厚度在 10 mm 以内的面砖。

3) 环氧水泥粘贴法。环氧水泥的配合比为环氧树脂∶乙二胺∶水泥＝100∶(6～8)∶(100～150)。环氧树脂是一种具有高度黏结力的高分子合成材料，具有操作方便、工效高、黏结强度高以及防潮、耐高温、密封好等特点。它要求基层和找平层必须分层涂抹，并需待其干燥后才能进行粘贴面砖。这种方法对面砖厚度的要求比较严格，厚薄必须均匀，才能保证表面的平整度。此外，这种方法的造价偏高，不适用于大面积镶贴，而适用于墙面修补。外墙面砖的粘贴状况如图 3—14 所示。

(9) 起分格条。分格条在镶贴前应用水充分浸泡，以防胀缩变形。起分格条时要轻巧，避免碰动面砖，不能用小铁皮上下撬

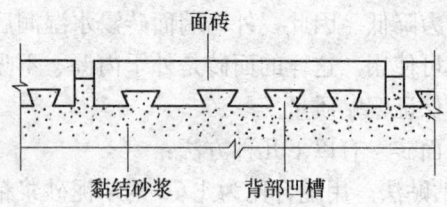

图3—14 外墙面砖的粘贴状况

动。因为起分格条时,镶贴砂浆已收水,有移动会使面砖脱落。

(10) 勾缝。勾缝是外墙面砖饰面镶贴的最后一道工序,在贴完一个墙面或全部墙面完工并检查合格后进行。勾缝应用配合比为1:1的水泥砂浆,分皮嵌实,一般分两遍进行。第一遍用水泥砂浆,第二遍用与面砖同色的彩色水泥砂浆勾凹缝,凹进深度一般为3 mm。面砖勾缝处残留的砂浆,必须清除干净,不留痕迹。

(11) 养护。面砖镶贴后应注意养护,防止砂浆早期受冻和烈日曝晒,以免砂浆酥松。

2. 釉面砖的镶贴

釉面砖又称瓷砖,是薄片状的精陶建筑材料,适用于建筑物的墙面装饰。按其形状可分为长方形、矩形、异形边角配件砖等(如图3—15所示)。按其成分组成可分为石灰石质、长石质、滑石质、硅灰石质、叶腊石等。釉面砖有白色、彩色、图案等多种。它表面光滑,易于清洗,色泽多样,美观耐用。釉面砖墙面施工作业如图3—16所示。

釉面砖的镶贴工序为:

(1) 对基层的要求。镶贴釉面砖的基层,必须平整而粗糙。镶贴前,应清理干净并加以湿润。

(2) 釉面砖的挑选。釉面砖应按厂牌、型号、规格、色泽进行挑选。砖面应平整,边缘棱角整齐、不得缺损。

(3) 釉面砖的湿润。镶贴前,应放入清水中浸泡2 h以上,

图 3—15　专用的釉面砖铺贴

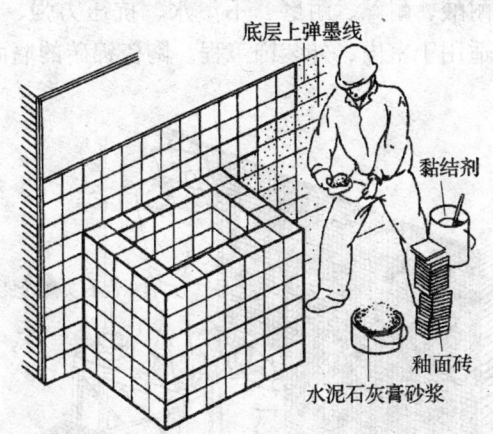

图 3—16　釉面砖墙面施工图

晾干后，方可镶贴。若浸泡时间不够，镶贴后釉面砖吸收黏结砂浆中的水分，使黏结砂浆早期脱水，减弱了黏结力，导致釉面砖起壳。若浸泡后未晾干就镶贴，由于砖的黏结面附有一层水膜，不但影响砂浆的黏结力，还会使镶贴后的釉面砖产生浮动，影响砖缝的横平竖直。

（4）黏结砂浆的种类和配合比。可采用配合比为1∶2的水泥砂浆或在1∶2的水泥砂浆中掺入不大于15%水泥质量的石灰膏，以改善砂浆的和易性，也可以采用在配合比为1∶2的水泥砂浆中加入水泥质量2%～3%的107胶，因为它具有较好的和易性、保水性及一定的缓凝作用。

（5）排砖。釉面砖的接缝宽度规范规定为1.5 mm。若缝隙过大会影响美观，横竖缝宽度一致才比较美观。

3. 陶瓷锦砖饰面镶贴

陶瓷锦砖是选用优质瓷土磨细成泥浆，经脱水干燥至半干时压制成型，入窑焙烧而制成的。制品如需着色，可在泥料中掺入各种着色剂。陶瓷锦砖外形规格薄而小，质地坚实，经久耐用，色泽多样、耐酸、耐碱、耐磨、不渗水、抗压力强、吸水率小、不易破裂，适用于室内、外装饰工程。陶瓷锦砖的墙面施工如图3—17所示。

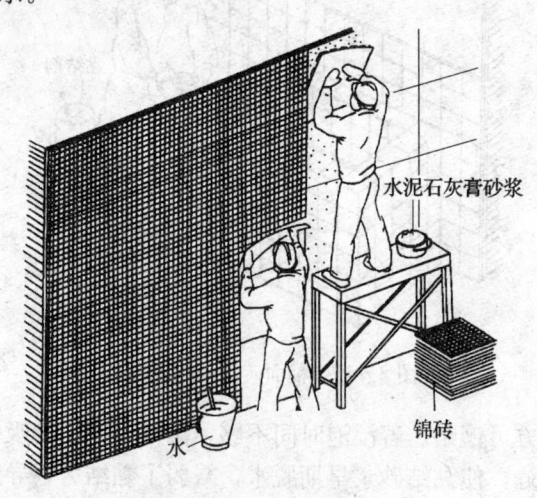

图3—17　陶瓷锦砖墙面施工图

陶瓷锦砖有无釉和有釉两种，以无釉为多。陶瓷锦砖可以组成各种装饰图案，形状与大小不一，截面分为凸面和平面两种，其中凸面用于墙面装饰，平面可用于墙面和地面装饰。

陶瓷锦砖的镶贴工序为：

(1) 选料。陶瓷锦砖因配料和烧制温度不同，颜色有深有浅。镶贴前，应逐箱打开检查并比较其色泽，深浅颜色应分开存放，然后确定镶贴部位，以免在一片墙面上出现颜色不均匀。

(2) 基层处理。镶贴前，基层表面应先清扫干净并浇水湿润，然后涂抹配合比为 1∶3 或 1∶2.5 的水泥砂浆找平层。

(3) 弹线。镶贴时，应根据标高弹出若干道水平线，两线之间的陶瓷锦砖应为整块数，按设计要求与陶瓷锦砖的规格确定分格缝宽度，并准备好分格浆。

(4) 镶贴。陶瓷锦砖宜用水泥浆或聚合物水泥浆镶贴，一般应自上而下进行，整间或独立部位应一次完成。镶贴时，应仔细拍实，并使其表面平整，待稳固后，将纸面湿润、撕净。接缝宽度应在水泥浆初凝前调整，并用水泥浆把缝嵌平。

(5) 清洗。镶贴后应清洗，但应待嵌缝材料硬化后进行。

4. 玻璃锦砖饰面镶贴

玻璃锦砖又称玻璃马赛克，是半透明的玻璃质装饰材料，由玻璃制品厂生产。玻璃马赛克质地坚硬，性能稳定，耐热、耐寒、耐酸碱和大气侵蚀，表面光滑，不易积尘，不易褪色，质感好，色泽、品种多样。玻璃马赛克的粘贴状况如图 3—18 所示。

玻璃锦砖的镶贴工序为：

(1) 选料。玻璃锦砖选料很重要，应有专人负责逐块剔选颜色、规格、棱角等，并分类装箱。验收时，除注意颜色、规格、质量外，还应注意表面洁净，以免影响光泽度。

(2) 基层处理。镶贴前，对钢模浇注的混凝土基层，应用浓度为 10% 的火碱溶液清洗表面隔离剂，再用钢丝刷和清水刷去污垢，然后涂抹一层 3 mm 厚的、配合比为 1∶1 的水泥砂浆。在光滑的混凝土表面上镶贴，砂浆中要掺水泥质量的 3%～5% 的乳液或适量的 107 胶。

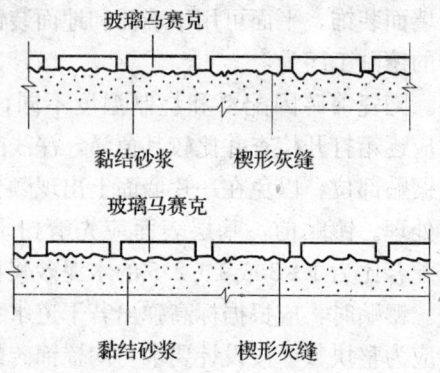

图 3—18 玻璃马赛克的粘贴状况

(3) 镶贴。基层表面必须平整，横平竖直，棱角方正，涂抹的水泥砂浆结合层，要用靠尺刮平，作出横竖标志，用粉线弹出分格线。

玻璃锦砖是半透明的，故底层砂浆的颜色应一致，以防止深色透出而产生一团一团不均匀的颜色。所以，用白色玻璃锦砖时应在软底子灰表面抹薄薄一层白水泥，使面层颜色洁白、整齐。

玻璃锦砖四周边呈斜面，背面呈凹形，因此，镶贴时，不能在背面缝里撒灌干水泥砂，而应在背面抹一层薄的白水泥浆。

擦缝时，应在缝隙处仔细刮浆，不能在砖表面满涂满刮，以防水泥浆将晶体毛面填满，而失去表面光泽。擦缝时，应用棉纱及时擦干净，以免污染。

修补个别损坏或脱落的玻璃锦砖时，应选择同样颜色的玻璃锦砖贴补。修补前，应仔细清理脱落处的基层。镶贴后，表面应平整，切忌因方向倾斜而影响美观。

四、常见的施工缺陷及预防措施

1. 外墙饰面砖空鼓、脱落

产生原因：饰面砖自重大，找平层与基层有较大的剪应力，黏结层与找平层间也有剪应力，基层面不平整，找平层过厚使各层黏结不牢；加气混凝土基层未作处理，不同结构的结合处未作处理；砂浆配合比不当，稠度不合要求，砂中含泥量过大，在同一施工面上采用不同配合比的砂浆，引起不均匀干缩；砖背砂浆不饱满，面砖勾缝不严，雨、雪水渗入后结冰膨胀引起脱落。

预防措施：找平层与基层应作严格处理，光面凿毛，凸面剔平，油渍清洗干净；找平层抹灰时，应用水润湿，再分层抹灰，提高各层的黏结力。加气混凝土块不得泡水；抹灰前湿水后刷一道 107 胶水泥浆；采用 1∶1∶4 的水泥石灰砂浆抹底层（厚 4~5 mm）；采用 1∶0.3∶3 的水泥石灰砂浆抹中层（厚 8~10 mm）；采用聚合物水泥砂浆抹结合层。不同结构的结合处应钉金属网绷紧钉牢，金属网与基体搭缝宽度不少于 100 mm，然后作找平层。砂浆中，水泥必须合格，砂子过筛，宜用中砂。含泥量不大于 3%，砂浆按配合比计量配料，搅拌均匀；在同一墙面上不更换配合比；在砂浆中掺入水泥质量 5% 的 107 胶，以改善砂浆的和易性，提高黏结度。面砖泡水后必须晾干，背面刮满砂浆，采用挤浆法铺贴；认真勾缝，分次完成，勾凹缝时，凹入砖内 3 mm，形成嵌固效果。

2. 墙面不平整，分格不均匀

产生原因：面砖几何尺寸不一致；找平层表面不平整，对找平层未认真检查；未排砖、弹线和挂线；未及时调缝和检查。

预防措施：面砖使用前应挑选，凡外形歪斜、缺角、掉棱、翘裂和颜色不匀的应挑出来。用套板分出大、中、小块，分类堆放，分别用于不同部位；作找平层时，必须用靠尺检查垂直，平整度应符合规范要求；排砖模数，要求横缝与碹脸、窗台平，竖向与阳角、窗口平，并用整砖划出皮数杆。大墙面应事先铺平。窗框、窗台、腰线等应分缝准确，阴、阳角双面挂直，依皮数杆在找平层上从上而下作水平与垂直控制线；操作时，应保证面砖上口平直，贴完一皮砖后，垂直缝应以底子灰弹线为准，用靠尺检查。

3. 饰面砖墙面污染

产生原因：面砖半成品保管不善，成品保护不好；施工操作后，未及时清理面层砂浆。

预防措施：不得用草绳或有色包装纸包装面砖，在运输过程与保管过程中，避免面砖淋雨受潮；贴面砖工作开始后，不得在脚手架上和室外倒污水、垃圾；操作完成后，应彻底清洗面砖。

4. 釉面砖空鼓、脱落

产生原因：基层表面光滑，铺贴前基层没有湿润或浸水不透，水分被基层吸掉，影响黏结力；基层偏差大，铺贴抹灰过厚、干缩过大；瓷砖泡水时间不够或水膜没有晾干；粘贴砂浆过稀，粘贴不密实；粘贴灰浆初凝后，拨动瓷砖；门窗框边封堵不严，门窗扇开启引起木砖松动，造成瓷砖空鼓；瓷砖质量不合格，自行破裂、脱落。

预防措施：基层凿毛，铺贴前，墙面应浇透水，使水渗入基层 8～10 mm，混凝土墙面应提前两天浇水；基层凸处剔平，凹处用 1∶3 的水泥砂浆补平，脚手架洞眼、管线穿墙处用砂浆填严。不同材料墙面接头处应钉铁丝网，左右搭接 100 mm，然后用水泥砂浆抹平，再镶贴瓷砖；瓷砖使用前必须提前 2 h 浸泡并晾干；砂浆应具有良好的和易性和稠度，操作时，用力应均匀，嵌缝应密实；瓷砖铺贴时，应随时纠偏，粘贴砂浆初凝后，严禁拨动瓷砖；门窗边应用水泥砂浆封严；对原材料应严格把关验收。

5. 釉面砖接缝不平直、不均匀，墙面凹凸不平、颜色不一致

产生原因：找平层垂直度、平整度不合格；对瓷砖颜色、尺寸挑选不严，使用了变形砖；粘贴瓷砖、排砖未弹线；镶贴后，未及时调缝及检查。

预防措施：找平层垂直度、平整度不合格，不得铺贴瓷砖；选砖应列为一道工序，规格、色泽不同的砖应分类堆放，变形砖、裂纹砖应拣出不用；划出皮数杆，找好规矩；铺贴后，应立

即拨缝、调直、拍实，使瓷砖接缝平直。

6. 釉面砖裂缝、变色或表面污染

产生原因：瓷砖材质松脆，吸水率大，抗拉性和抗折性差；瓷砖在运输、操作过程中有碰伤；材质疏松；施工时，用不洁净的水浸泡面砖导致变色；粘贴后，被灰尘污染而变色。

预防措施：选材时，应挑选材质密实、吸水率不大于18%的好砖，在冰冻严重地区吸水率应不大于8%；操作中，将有暗伤的瓷砖剔出，铺贴时，不要用力敲击砖面，防止暗伤；泡砖必须用清洁水，选用材质密实的砖。

7. 陶瓷锦砖或玻璃锦砖墙面不平整，分格缝不均匀、不平直

产生原因：找平层不平；镶贴时，未拍平，也未用靠尺检查找平；锦砖规格不一致；镶贴前，未弹线；镶贴后，未及时调缝和检查。

预防措施：作找平层时，必须先在基体上拉垂直和水平通线贴灰饼、冲筋。找平层垂直度、平整度不合格，不得镶贴锦砖。锦砖揭纸后，应用拍板拍平并用靠尺找平；锦砖进场后，应进行挑选分级。镶贴时，应在找平层上自上而下竖向弹分块分格垂直线，横向弹水平分块分格线，然后依线铺贴；揭纸后，立即用开刀调缝，并认真检查。

8. 陶瓷锦砖或玻璃锦砖墙面空鼓、脱落

产生原因：基层不够粗糙，没有浇水湿透；抹结合层后，未及时贴锦砖或贴锦砖后未认真拍平；调缝时，结合层砂浆已初凝。

预防措施：基层凿毛，镶贴前，墙面应浇透水，使水渗入基层8～10 mm，混凝土墙面应提前两天浇水；基层凸处应剔平，凹处用1∶3的水泥砂浆补平，脚手架洞眼、管线穿墙处用砂浆填严。不同材料墙面接头处应钉铁丝网，左右搭接100 mm，然后用水泥砂浆抹平，再镶贴锦砖；刷素水泥浆后，应立即作结合层，随抹随贴锦砖，结合层砂浆不宜过厚，一次铺开面积不宜过

大；用聚合物水泥砂浆可改变和易性和保水性，增长初凝时间，但调缝仍需在1 h内完成。

9. 陶瓷锦砖或玻璃锦砖墙面污染

产生原因：清洗不干净。

预防措施：施工完成后，应彻底擦拭，必要时，应用稀盐酸洗，然后用水冲净。

10. 装饰外墙板突出檐口、窗套和腰线无流水坡和滴水线

产生原因：未按规范的有关规定施工。

预防措施：突出檐口、窗套和腰线应留有3%的流水坡和滴水线。滴水线槽深15～20 mm，宽窄应一致。

五、贴面砖装饰施工质量标准及检查方法

外墙面砖、釉面砖、陶瓷锦砖装饰的允许偏差和检查方法见表3—19。

表3—19 外墙面砖、釉面砖、陶瓷锦砖的装饰允许偏差及检查方法

项次	项目		允许偏差（mm）			检查方法
			饰面砖			
			外墙面砖	釉面砖	陶瓷锦砖	
1	立面垂直	室内	2	2	2	用2m托线板检查
		室外	3	3	3	
2	表面平整		2	2	2	用2m靠尺和楔形尺检查
3	阳角方正		2	2	2	用2m方尺检查
4	接缝平直		3	2	2	拉5 m线检查，不足5 m拉通线检查
5	墙裙上口平直		2	2	2	
6	接缝高低	室内	0.5	0.5	0.5	用直尺和楔形塞尺检查
		室外	1	1	1	
7	接缝宽度		+0.5	+0.5	+0.5	用尺检查

◆装饰装修实例：

某一时尚火锅店正在进行店面装饰，室内选用金色塑铝板进行装饰，为了效果统一，设计师提出将在店面外墙原钢板墙面上采用建筑胶黏剂粘贴不锈钢面马赛克（如图3—19所示），下面介绍如何使用建筑胶黏剂粘贴不锈钢面马赛克。

图3—19 不锈钢面马赛克

首先，进行基层处理、预排和弹线。其次，黏结层采用胶水∶水泥比为1∶（2~3）的配料，并在水平线下口支设好垫尺。将金属面马赛克铺在木垫板上，将胶黏剂刮于缝内，并留薄薄一层面胶，随即贴于墙上，然后用拍板和小锤满敲一遍，使其平实。粘贴由上向下，从阴、阳角开始。揭纸时，先湿润约半小时，应按顺序由上向下轻拉，切忌向外猛扯。揭纸后，检查不锈钢面马赛克粘贴平直情况，用刀将缝隙拨正、调直，再用小锤敲击拍板一遍。检查缝隙处，如有未填满处，使用同种黏结剂进行补填。

模块五 饰面板施工

一、木制饰面板施工

木制饰面板包括胶合板、纤维板、高密板等，在表面刷漆或作雕花。木制饰面板装饰典雅、华丽，属于高级装修做法的一种，多用于室内装修。

1. 木制饰面板施工基本做法

木制墙面装饰物构造大体分为两个部分，即基层和面层。其构造如图3—20所示。

（1）基层。基层为木骨架，由纵、横木龙骨编织而成。木龙

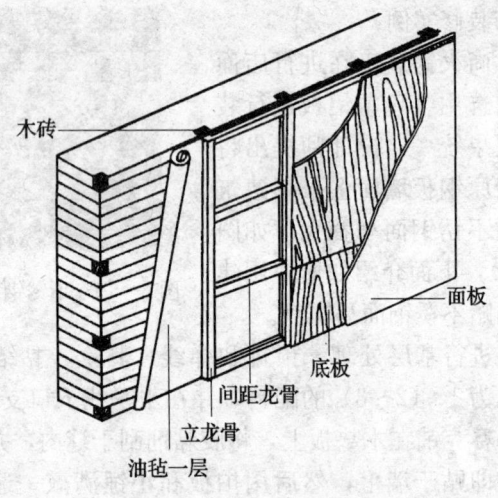

图 3—20 木制墙面构造图

骨钉于墙体的木砖上。木砖的尺寸为 120 mm × 120 mm × 60 mm，中距 450 mm。木砖应采用氯化钠水溶液或焦油进行防腐处理。木龙骨的截面尺寸为 24 mm × 30 mm，主龙骨中距 450 mm，次龙骨中距 450～600 mm。为保证干燥和通风，除龙骨自身需作防腐处理外，还需在水平木龙骨上全部穿 ϕ10 mm 通气孔，中距 900 mm 左右。踢脚板也应作通气孔，三个一组，中距 25 mm，孔径 ϕ12 mm，每组中距 900 mm 左右。

近年来，出现了大芯板等实心板材，有些部位可不用木龙骨，而用此类实心板材直接固定在基层上，并在其上直接贴各种贴面板即可，施工更方便。

（2）面层。面层为木制板材，厚度应不小于 5 mm，通过钉子进行连接。面层的底部应做木踢脚板，也通过钉子与木砖连接。

随着钢筋混凝土结构的逐渐增多，传统的在砖墙内预留防腐木砖的做法已不适宜，再加上手提电钻及射钉技术的普遍使用，用木榫进行连接固定的做法也得到广泛应用。

(3) 墙身防潮。墙身防潮多采用刷热沥青一道，铺油毡一层，以保证木制饰面板干燥，减少变形。

2. 木制饰面板施工前的准备工作

施工工具：普通木工工具，如锯、刨子、旋具（螺丝刀）等。

施工材料：胶合板、纤维板、胶黏剂等。

3. 木制饰面板施工注意事项

安装前，对基体应进行处理，其表面如用油毡、油纸防潮时，应铺设平整，接触严密，不得有皱折、裂缝和透孔等。

安装时，应先按分块尺寸弹线，墙与顶棚的接缝应交圈一致。

湿度较大的房间，不得使用未经防水处理的胶合板和纤维板。

生活电器等的底座，应装嵌牢固，其表面应与罩面板的底面齐平。

墙和柱的罩面板下端，如用木踢脚板覆盖时，罩面板应离地面 20~30 mm；用大理石、水磨石踢脚板覆盖时，罩面板下端应与踢脚板上口齐平，接缝严密。

胶合板面层作清色油漆时，施工前，应挑选板材，相邻面的木纹、颜色应相近，以保证安装后的美观。

用钉子固定时，对于胶合板钉距为 80~150 mm，钉长为 25~35 mm，钉帽应打扁并钉入板面 0.5~1 mm，钉眼应用油性腻子抹平；对于硬质纤维板，钉距为 80~120 mm，钉长为 20~30 mm，钉帽应打扁并钉入板面 0.5 mm。只有这样，才可以防止板面空鼓、翘曲、钉帽生锈。

板缝的处理方式有斜接密缝、平接留缝和压条盖缝三种。如图 3—21 所示。

用木压条固定胶合板或硬质纤维板，钉距应不大于 20 mm，

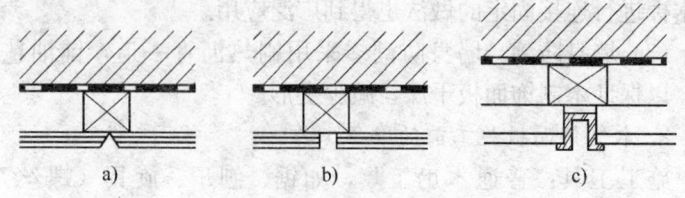

图 3—21 板缝的三种处理方式
a) 斜接密缝 b) 平接留缝 c) 压条盖缝

钉帽应打扁并钉入木压条面 0.5~1 mm，但选用的木压条应干燥、无裂缝，打扁的钉帽应顺木纹钉入，以防开裂。

墙面用胶合板、纤维板装饰，在阳角处应作护角，以防使用中损坏墙角。

4. 常见的施工缺陷及预防措施

起鼓、翘曲是胶合板、纤维板安装中常见的质量问题，特别是硬质纤维板。其产生原因是安装前没有将硬质纤维板用水浸泡处理，由于这种板材有湿胀、干缩的性能，故容易发生质量问题。据实测，将硬质纤维板放入水中浸泡 24 h 后，可伸胀 0.5% 左右。若纤维板未经浸泡，安装后，因吸收空气中水分产生膨胀，但由于其四周已有钉子固定，无法伸胀，故造成起鼓、翘曲等质量问题。若将其进行浸泡处理，安装后能达到板面平整。

5. 施工质量标准及检验方法

木制饰面板的施工质量标准及检验方法见表 3—20。

二、金属饰面板施工

金属饰面板的类型很多，应用较多的有镀锌钢板、彩色镀锌钢板、铝塑板、不锈钢板、铜合金板、镁铝曲板等。这些装饰板都具有轻质、强度高、耐久性好、安装简便快速、装饰性强、美观大方、减少湿作业、施工不受季节性影响等特点。

1. 金属饰面板施工基本做法

金属饰面板的基本做法是在墙体或结构主体上固定龙骨架，

表 3—20　　木制饰面板的施工质量标准及检验方法

项次	项目	允许偏差（mm）		检验方法
		胶合板	纤维板	
1	表面平整	3	3	用 2 m 直尺和楔形塞尺检查
2	立面垂直	3	4	用 2 m 托线板检查
3	接缝平直	3	3	拉 5 m 线检查，不足 5 m 时拉通线检查
4	压条平直	3	3	
5	接缝高低	0.5	1	用直尺和楔形塞尺检查
6	压条间距	2	2	用尺检查

形成饰面板的结构层，然后利用粘贴、紧固件连接、嵌条定位等手段，将饰面板安装在骨架上，形成各类饰面板的装饰外层。

常见的做法有以下五种：

（1）插接式。这种做法是利用饰面板两侧的承插口相互插接。接缝处有盖缝条和无盖缝条两种，饰面板与骨架是利用卡子、拉铆钉、螺栓、自攻螺钉等紧固件固定。紧固件、钉头不能外露，接缝处防水好，外观效果也不错。

（2）压条式。这种做法是利用饰面板两侧的无压型插口，板与板之间是对接或搭接，然后用异型盖缝条、转角、包角等配件，通过紧固件将板接缝盖住并固定在骨架上。饰面板多为压型板和波形板。紧固件的钉头需作美化处理。钉眼虽然用橡胶垫圈、塑料钉帽密封盖作防水处理，但有时还会在钉眼处发生渗漏现象。

（3）扣接式。这种做法是利用饰面板两侧异型扣接槽将两板连接，或用扣接法将两板连接：一种为紧固件固定，一种是特制龙骨有扣槽固定，局部地方用卡子固定。扣接式做法施工简单、工效高，但龙骨制作比较复杂。

（4）贴墙式骨架。这种做法是在墙体表面（抹灰或不抹灰均可）或在框架主体表面，直接安装龙骨。龙骨可以竖向布置、横竖向双层布置和井格式单层布置，紧固件多用膨胀螺栓或射钉。龙骨可以采用木材、型钢、铝合金、不锈钢、塑料等，为了防潮应在安装龙骨前先铺一层油毡，用油毡将龙骨与墙体隔开。

(5) 架空式骨架。这种做法是将饰面层与结构层拉开一定距离，用支撑杆件与墙体固定。这种构造主要取决于装饰表面的艺术处理。表面的平整、凹凸、弧线、曲面等造型，一般均由结构层作骨架造型，再作表面修饰。

总之，金属饰面板只能与骨架龙骨相连和固定，而不能直接安装在墙体表面上。

2. 金属饰面板施工前的准备工作

施工机具：用于金属装饰板的工具多为电动工具，有切割锯类、电钻类、射钉枪与射钉弹、射钉等。

施工材料：塑铝板、立时得胶、胶带等。

3. 金属饰面板施工技能

下面简要介绍一下金属饰面板中应用较多的塑铝板。

塑铝板内墙饰面的构造大致有三种：即无龙骨贴板构造、轻钢龙骨贴板构造和木龙骨贴板构造。需要注意的是，无论采用何种构造，都不允许将塑铝板直接贴在难以平整、光滑的抹灰找平层上。塑铝板组合结构如图 3—22 所示。

(1) 无龙骨贴板构造做法。首先，墙体表面要作预处理，并做 12 mm 厚、配合比为 1∶3 的水泥砂浆找平层，接着就粘贴纸面石膏板，然后涂刷封闭乳胶漆和防潮底漆，最后在纸面石膏板上粘贴塑铝板。粘贴塑铝板大致有三种做法：

1) 胶黏剂直接粘贴法。在塑铝板背面、纸面石膏板的表面均匀涂布立时得胶或其他橡胶类强力胶黏剂，待胶黏剂稍具黏性时，就把塑铝板上墙就位，并拍平压实。如图 3—23 所示。

2) 双面胶带及胶黏剂并用粘贴法。首先，根据设计的尺寸在墙上弹线，如图 3—24 所示。然后将薄质的双面胶带按"田"字形分布粘贴在纸面石膏板上，无双面胶带的空处均涂布立时得

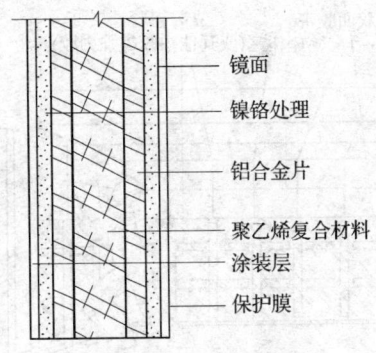

图 3—22 塑铝板组合结构

图 3—23 铝塑板胶黏剂直接粘贴法

胶或其他橡胶类强力胶黏剂,最后将塑铝板上墙就位,拍平压实。

3) 发泡双面胶带直接粘贴法。首先将发泡双面胶带粘贴在纸面石膏板上,然后将塑铝板上墙就位,拍平压实。如图 3—25 所示。

(2) 轻钢龙骨贴板构造做法。首先,墙体表面要作预处理,务求平整、干净,然后做水泥砂浆找平层,并在找平层上安装轻龙骨,再在龙骨上安装纸面石膏板。接着在板上满刮腻子并找

图 3—24 塑铝板双面胶带及胶黏剂并用粘贴法

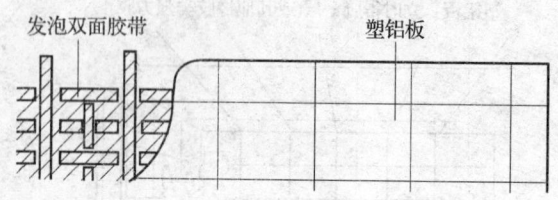

图 3—25 塑铝板发泡双面胶带直接粘贴法

平、涂刷封闭乳胶漆和防潮漆,最后粘贴塑铝板。如图 3—26、图 3—27 所示。

(3) 木龙骨贴板构造做法。首先,墙体表面要做预处理,并做 12 mm 厚、配合比为 1∶3 的水泥砂浆找平层,然后涂布防潮漆,接着在找平层上安装木龙骨架,并在木龙骨架上铺钉胶合板,最后再安装塑铝板。安装塑铝板的方法有以下两种:

1) 粘贴做法。粘贴做法与无龙骨贴板构造做法大致相同,只是将纸面石膏板改成胶合板。

2) 紧固件固定做法。即用紧固件及饰条把塑铝板固定在胶合板上,其构造如图 3—28 所示。

4. 施工质量要求及检查方法

金属饰面板的施工允许偏差及检查方法见表 3—21。

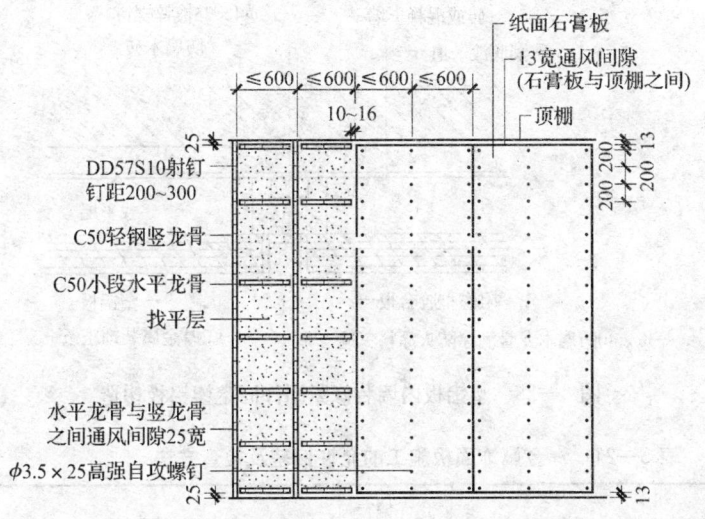

图 3—26 纸面石膏板轻钢龙骨钉板基本构造

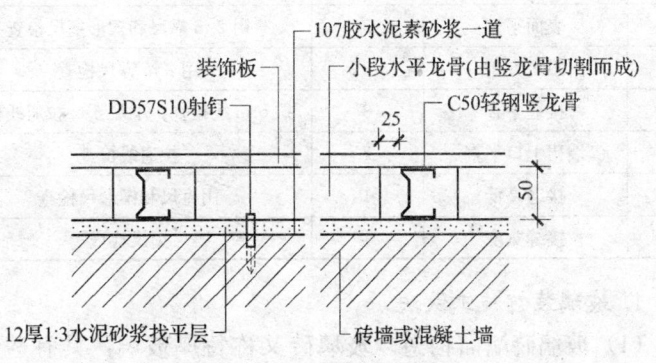

图 3—27 轻钢龙骨贴板构造节点

三、玻璃装饰施工

玻璃作为墙面装饰是近几十年发展起来的一种新型做法。

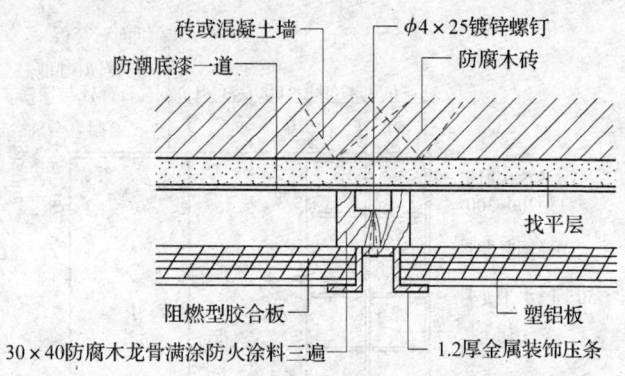

图3—28 塑铝板内墙装修紧固件固定塑铝板构造

表3—21 金属饰面板施工的允许偏差及检查方法

项次	项目		允许偏差(mm)	检查方法
1	立面垂直	室内	2	用2m托线板检查
		室外		
2	表面平整		3	用2m靠尺和楔形塞尺检查
3	阳角方正		3	用2m方尺检查
4	接缝平直		3	拉5m线检查,不足5m拉通线检查
5	墙裙上口平直		2	拉通线检查
6	接缝高低		1	用直尺和楔形尺检查
7	接缝宽度		1	用尺检查

1. 玻璃装饰施工做法

(1) 玻璃砖墙面构造。玻璃砖又称特厚玻璃,具有透明度高、质量好等特点,玻璃厚度一般在20mm以上,适用于建筑物内部透明隔墙和建筑物填充墙。玻璃砖墙面包括以下三种做法,即玻璃隔墙、玻璃砖墙和玻璃组合砖墙。此处主要介绍前面两种。

1) 玻璃隔墙。玻璃隔墙所用的玻璃品种有平板玻璃、夹层玻璃、磨砂玻璃、压花玻璃、彩色玻璃等。玻璃隔墙的下部做法有半砖墙抹灰、板条墙抹灰、胶合板、纤维板等罩面板。

2) 玻璃砖墙。玻璃砖墙采用封闭式空心玻璃砖,用水泥砂浆砌筑,缝隙中加入纵横拉筋,以保证稳定。玻璃砖墙的根部应作踢脚,材料多选用钢筋混凝土,高度均在 150 mm 左右。如图 3—29 所示。

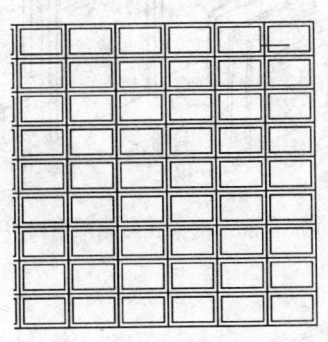

图 3—29 空心玻璃砖墙

(2) 玻璃幕墙构造。玻璃幕墙大体可以分为框格式玻璃幕墙和全玻璃式玻璃幕墙两种形式。其中框格式玻璃幕墙应用较为广泛。如图 3—30 所示。

框格式玻璃幕墙按其拼装方式可分为以下几类:

第一类为竖框式,即竖框主要受力,特点是竖框外露,竖框之间镶嵌窗框和窗下墙,立面形式为竖线条的装修效果。如图 3—31 所示。

第二类为横框式,即横框主要受力,横框外露,窗与窗下墙是水平连续的,立面形式为横线条的装修效果。如图 3—32 所示。

第三类为框格式,即竖框与横框全部外露,形成格子状,这种形式应用较为广泛。如图 3—33 所示。

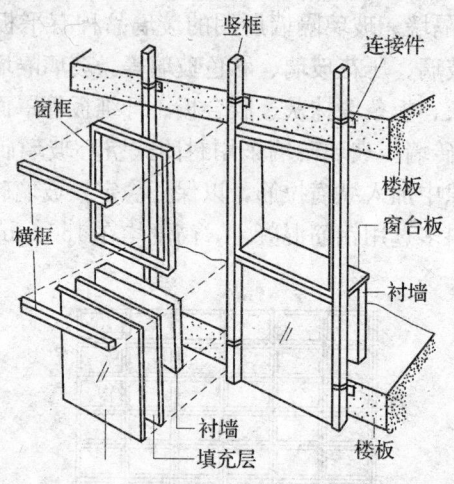

图 3—30 框格式玻璃幕墙构造

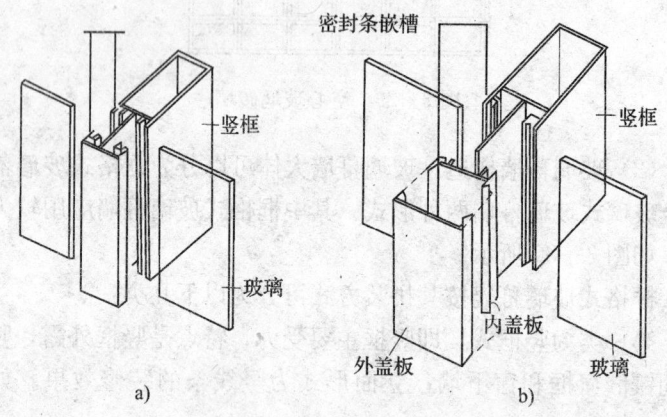

图 3—31 竖框式玻璃幕墙
a) 竖框之一 b) 竖框之二

玻璃幕墙由骨架型材、玻璃、紧固件、嵌固安装附件、密封材料等组成。

1) 骨架型材。骨架型材包括钢骨架型材和铝合金骨架型材，

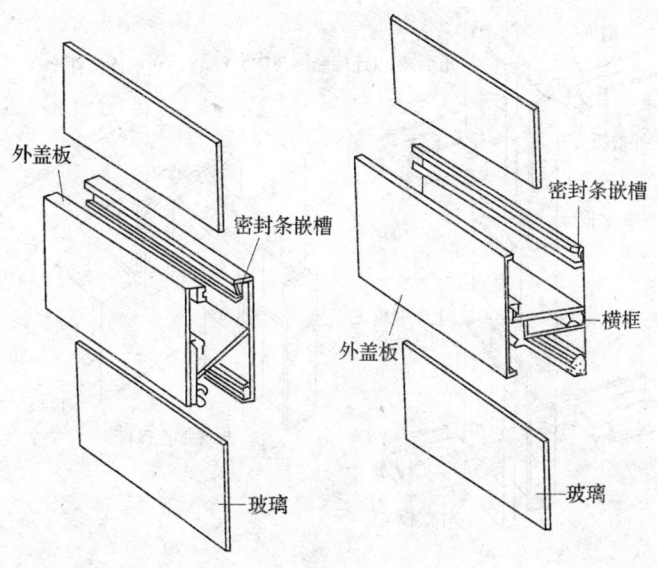

图 3—32 横框式玻璃幕墙

均由专业厂家生产。骨架型材构成幕墙框架，承受幕墙的自重和使用荷载。因此，其物理、机械、化学指标均应达到标准后，方可使用。

2）玻璃。对构成玻璃幕墙的玻璃品种有吸热、透明、强度高等要求，其品种如下：浮法玻璃、吸热玻璃、热反射玻璃、中空玻璃、夹层玻璃、钢化玻璃。

3）紧固件及嵌固安装附件。骨架型材与基体锚固必须使用各种附件。常见的附件有附墙预埋铁件（预埋件）、连接件（多用角钢、槽钢、钢板加工而成），以及各类膨胀螺栓、铝铆钉、自攻螺钉和射钉等。

4）密封材料。包括填充材料和防水材料。

2. 玻璃装饰施工前的准备工作

施工机具：切割锯类、电钻类。

施工材料：玻璃空心砖、玻璃、油灰。

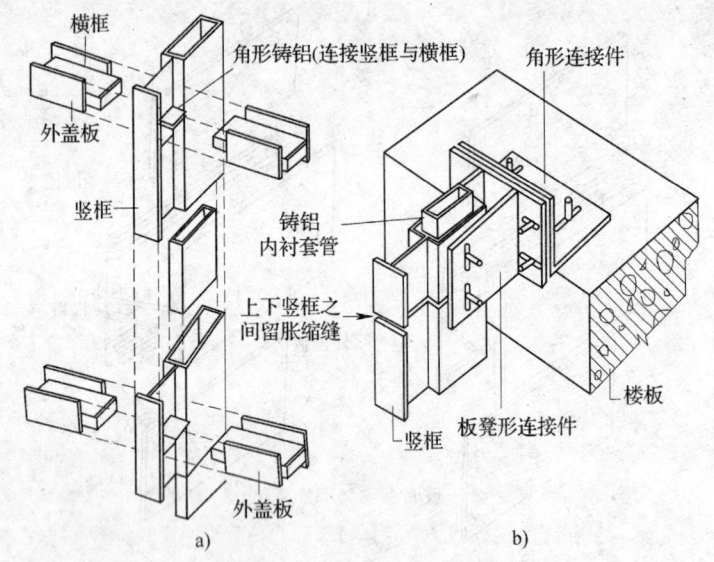

图 3—33 框格式玻璃幕墙
a) 竖框与横框的连接 b) 竖框与楼板的连接

3. 玻璃装饰施工技能

(1) 玻璃空心砖饰面施工

玻璃空心砖饰面的安装方法有单块砌筑和预砌砖板两种。

1) 单块砌筑。其施工工序为：选砖→排砖→挂线→砌筑。

①选砖。玻璃砖应挑选棱角整齐、规格相同、砖的对角线尺寸基本一致、表面无裂缝的砖。

②排砖。根据弹好的玻璃砖墙位置线，核对玻璃长度尺寸是否符合排砖模数，如不符合，应进行调整。

③挂线。砌筑前，应双面挂线，每层玻璃砖砌筑时，均需找平线，以使水平灰缝均匀一致、平直通顺。

④砌筑。应保持玻璃砖表面清洁、皮数杆标高一致，挂线要拉紧。平缝砂浆要铺得适宜，以便于慢慢挤揉。立缝灌浆要捣实，勾缝要严，以保证砂浆饱满度，防止出现空鼓现象。玻璃砖

安装完成后，要做好保护。

2) 预砌砖板安装。将预砌玻璃砖板的边框，用螺钉或焊接的方法，直接固定在支托或砖砌体上，也可以压条固定。在玻璃砖墙板边框与支托或结构体的缝隙中填充密封材料。

（2）玻璃组合墙面施工

1) 单块排列。其施工工序为：在混凝土墙上安装玻璃组合砖时，开口部位要比玻璃组合砖砌筑完后的尺寸大 30～50 mm。砌筑面积较大时，应在适当位置设置伸缩缝。根据玻璃组合砖的尺寸分缝，缝宽为 10 mm。玻璃组合砖的砌筑砂浆应饱满，纵、横缝不得有空隙，并应低于组合砖面 8 mm 左右。在玻璃组合砖块与框或结构等接触的部位，应填充缓冲、密封材料。

2) 预砌砖板安装。其施工工序为：用螺钉或焊接将预拼砖板边框固定在铁框或结构体上。在预拼砖板的缝和边框周围填充密封材料。

（3）镶贴玻璃基本做法

1) 镜面玻璃粘贴构造。玻璃平面尺寸一般为 500 mm×500 mm，厚度为 3 mm，用玻璃胶直接贴在垫层板上。安装时，先制作骨架，在骨架外皮用螺钉固定木方 20 mm×30 mm，再钉垫层板，平整度要求对角线公差在 0.3 mm 以内。在玻璃背面用打胶枪沿四周和对角线打胶，然后按弹线位置由中间向两侧粘贴。玻璃板下沿临时用小钉支撑，由上至下分行粘贴。待胶干后，去掉小钉再贴下一行。饰面玻璃之间均留缝隙。粘贴后，用汽油或黏结剂的溶剂擦洗玻璃面，再用湿布擦干净。镜面玻璃装饰的收边采用铝合金或不锈钢材进行包角、压缝。

2) 镜面玻璃无垫层板粘贴构造。这种做法是将玻璃直接粘贴在骨架钢龙骨上。

骨架用不锈钢方管按玻璃板的尺寸焊成井格，用型钢支架固定在墙体上，骨架与墙的距离一般为 250～350 mm，然后用玻璃胶将玻璃粘在龙骨上。打胶的方法仍然是用打胶枪沿玻璃的四周挤胶与龙骨粘贴。上部檐口用玻璃钢波形瓦或其他轻质防水板封顶。玻璃墙的底部用装饰板或玻璃板采用粘贴和压条镶嵌的方法封底，不锈钢包角收边。它要求骨架外皮垂直平整度精度高，其对角线公差为 0.3 mm。如图 3—34 所示。

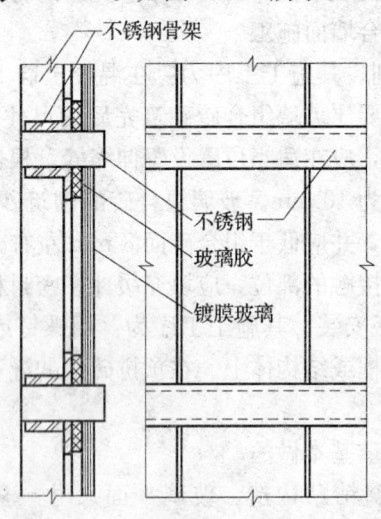

图 3—34　镜面玻璃与骨架无垫板粘贴

3）铝合金骨架镶贴玻璃饰面构造。镜面玻璃、反射玻璃、隔热玻璃等都是采用压条法和嵌条法固定，和玻璃幕墙、大面积玻璃外墙的做法相似。

①压条法。采用铝合金异型材和拉铆钉来固定玻璃和压条。

②嵌条法。采用嵌条舌簧卡子插入卡座插口来固定玻璃，与铝合金、塑料板的安装方法相同。嵌条法安装比压条法强度大而且牢靠。

（4）玻璃幕墙施工

玻璃幕墙施工技术随骨架型材不同而有所变化，一般型钢骨架采用较少，故主要介绍玻璃幕墙专用型材——铝合金骨架的做法。

玻璃幕墙主要有两种施工方式：

第一种是分件式，即在施工现场将铝合金边框、玻璃、填充层和内衬墙按一定顺序分件组装。玻璃幕墙的自重及风荷载，通过型材骨架的竖框或横框传递给主体结构。竖框一般与梁板连接。横框一般与柱子连接。

第二种是单元式，即型材加工、墙框组合、镶装玻璃、嵌密封条等工序均在加工厂中进行，在施工现场整体与结构连接。单元式玻璃幕墙一般根据结构型式的不同事先进行单元划分，每一单元由 3~8 块玻璃组成，每块玻璃宽度不宜超过 1.5 m，高度不宜超过 3~3.5 m。单元式玻璃幕墙，这种划分多采用竖框接通，其高度与楼层高度相同，为便于连接，其上下接缝部位（横缝）均在楼面标高以上 200~300 mm 处。

玻璃幕墙施工工序如下：

1）放线。放线的目的是确定骨架的准确安装位置。将安装线弹到主体结构基层上，以确定预埋件和膨胀螺栓的位置。

2）安装骨架。骨架大多是通过角钢与主体结构相连。中间为螺栓穿透角钢与竖框，螺栓宜采用不锈钢螺栓，对于大面积的玻璃幕墙，一般都存在骨架的接长问题。其接长方法是采用专用的连接件，即将空腹方钢分别插入需连接的两根杆件的端部，然后再用不锈钢螺栓固定。

3）安装玻璃。安装玻璃包括玻璃安装、橡胶压条安装和封装密封材料三项内容。

4）横框与竖框的连接及玻璃的固定。横框与竖框一般通过铝铆钉与连接件进行固定。而玻璃的安装与横、竖框的连接稍有不同，其区别是前者在玻璃的底部加设了橡胶定位垫块。同时，横框上支承玻璃的部位是倾斜的，其目的是为了便于排除因密封不严而流入凹槽内的雨水。

5）转角部位的处理。玻璃幕墙的转角部位包括阴角、阳角、任意角等。处理情况分述如下：

第一，阴角又称为 90°内转角。其处理方法是将两根竖框呈垂直布置，竖框之间的间隙，室外侧采用密封材料进行密封，室内侧采用成型的薄铝板进行饰面，薄铝板与铝合金竖框之间采用铝拉钉连接。

第二，阳角又称为 90°外转角。其处理方法是将两根竖框呈垂直布置，然后用铝合金板作封角处理。

第三，任意角。任意角指角度小于 90°的锐角和大于 90°的钝角。其处理方法与阳角、阴角基本相似，即采用铝合金板进行过渡。

6) 端部的收口处理。端部的收口一般包括侧端的收口、底部的收口和顶部的收口。处理情况分述如下：

第一，侧端的收口，即最边部的竖框与结构的连接问题。采用 1.5 mm 厚的成型铝板进行过渡，将幕墙与骨架之间的间隙封闭起来。

第二，底部的收口，即幕墙最底部的所有横框与结构水平面接触部位（如窗下墙、窗台板、地面等）的连接问题。这些部位的处理应使横框与结构面之间留出 25 mm 左右的缝隙，缝隙中灌注弹性封缝材料作密封与防水。

第三，顶部的收口，即玻璃幕墙的上端。顶部收口时，应重点处理好防止雨水渗漏的问题。通常的做法仍然是采用成型铝板进行过渡，将其一端固定于横框上，另一端固定于与结构连接的型钢骨架上，接缝部位作密封处理。

以上介绍了框格式玻璃幕墙的施工技术。在实际工程中，还有采用不露骨架（全隐式）的玻璃幕墙和无框式玻璃幕墙两种体系，下面作简要介绍。

不露骨架的玻璃幕墙体是指采用特制的连接件将铝合金封边框与骨架相连，然后用高强黏结剂将玻璃粘贴在封边框上。这种体系看不到骨架，有与框格式玻璃幕墙不同的立面效果。

无框式玻璃幕墙是指不采用金属框而直接将玻璃固定在结构

上的一种做法。这种做法的特点是为观赏者提供了无遮挡的透明墙面，扩大了视野。为了增加大面积玻璃自身的刚度，每隔一定距离采用一条形玻璃作为肋板，肋板垂直于玻璃幕墙面放置，并用密封胶粘牢。肋玻璃的固定可采用吊钩固定、特殊型材固定和金属框固定等方式。

无框式玻璃幕墙比其他形式的玻璃幕墙的玻璃厚度要大，主要根据幕墙的高度、风压大小、分块尺寸等因素确定。除采用平板玻璃外，还可采用钢化玻璃、夹层钢化玻璃等。肋玻璃与面玻璃之间，一般采用硅酮密封胶注满粘贴。

4. 常见的施工缺陷及预防措施

（1）玻璃空心砖墙的允许偏差

1）轴线位移。允许偏差为 10 mm。

2）墙面垂直。允许偏差为 5 mm。

3）墙面不平整。允许偏差为 5 mm。

4）水平缝、立缝平直（一面墙）。允许偏差为 7 mm。

5）水平缝、立缝平直（两砖之间）。允许偏差为 2 mm。

（2）玻璃幕墙变形

产生原因：竖框料刚度差，竖框料接头不当，伸缩缝设置不当，伸缩缝填塞无弹性，未采用遮阳玻璃。

预防措施：竖框料按设计承受 2 000～3 000 kPa 的风压后，其变形量应不大于 $l/180$（l 为每根竖框料支点之间的距离）；跨在两层楼板之间承受风力的竖框料，其上端悬挂在固定的支座上，其下端与下层竖框的上端应套接，接头应能活动；型钢框料与型钢框料、铝料与铝料、铝料与玻璃、铝料与砖墙之间均需预留伸缩缝；伸缩缝必须采用弹性好且经久耐用的填料，一般采用硅酮密封胶；幕墙玻璃应采用镜面反射玻璃或夹丝玻璃。

（3）玻璃幕墙透水

产生原因：封缝材料质量差，填缝不严密，幕墙变形。

预防措施：封缝材料必须柔软、弹性好、使用寿命长，并经检验符合设计要求后,方可使用。一般采用硅酮密封胶;施工时,应精心操作,使封缝填塞严密、均匀;幕墙骨架必须牢固可靠,每一个节点均应严密检查、检测数据,必须满足设计要求和验评标准。

四、天然石材饰面板施工

建筑饰面所用的天然石材主要有大理石和花岗石。天然石饰面板是由大块天然石荒料经过锯切、研磨、酸洗、抛光等工序,按所需规格、形状切割加工而成。

天然石材饰面属于高级装饰做法的一种,常用于高级建筑物的内外饰面。大理石色彩、花纹丰富多样,绚丽美观,装饰效果富丽堂皇、光彩夺目。但由于大理石中含有一定的杂质,且硬度、强度和耐久性均不如花岗石,故一般多用于室内装修。花岗石质地坚硬、强度高、耐久性能好,用来做饰面层显得庄重大方、高贵豪华,一般多用于宾馆、饭店、纪念性建筑的内外墙面。

天然石材的下脚料,经过适当的分类、加工,可以用来制作碎拼大理石(花岗石)墙面,这是一种别具风格、造价较低的高级饰面。碎拼大理石也可以用来点缀高级建筑的庭院、走廊等部位,使建筑装饰丰富多彩。碎拼石材墙面,由于块料较小,不需用连接件和锚固件,从而简化了施工技术和降低了成本。

1. **天然石材饰面板施工基本做法**

天然石材与主体结构的连接做法大体有挂贴法和粘贴法两种。挂贴法又分为干挂与湿挂两种做法。碎拼石材以粘接为主。

(1)湿挂法。湿挂法通常采用 8 号铜丝或 $\phi 4$ 不锈钢挂钩,把石材拴挂在墙体表面的钢筋网上,钢筋网一般采用 $\phi 4$ 钢筋,双向间距为 200 mm 左右。钢筋网用 $\phi 6$ 钢筋固定于墙体上,其长度应为 150 mm 左右。石材与墙面的空隙一般为 50 mm 左右,其间用 1:2.5 水泥砂浆填缝。如图 3—35 所示。

(2)干挂法。干挂法是利用高强度螺栓和耐腐蚀、高强度的

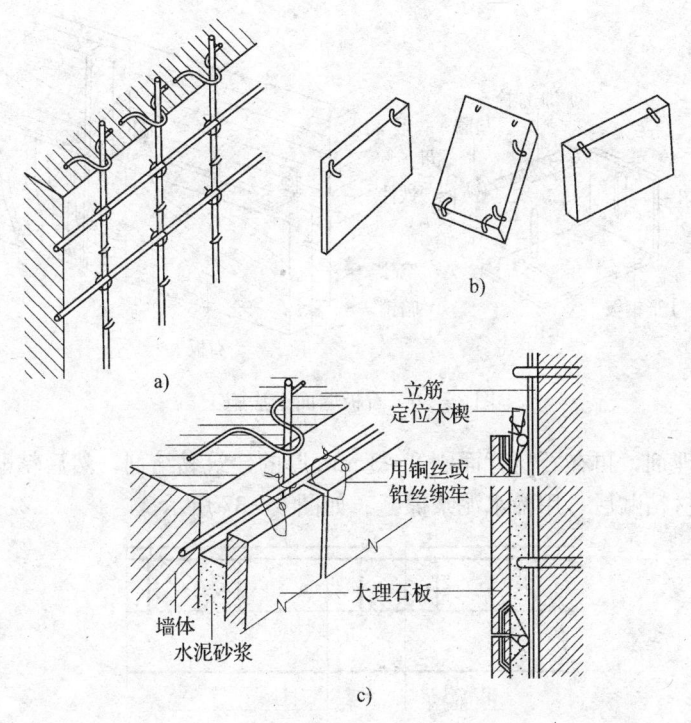

图 3—35　钢筋网连接法
a) 绑扎钢筋图　b) 板材钻孔　c) 大理石板墙面挂贴

金属挂件（扣件、连接件）或利用金属龙骨，将饰面石板固定于建筑物的外表面的做法。在墙上按石板规格精确钻孔，插入膨胀螺栓及 L 形不锈钢连接件，与石板上端面孔对应，插入不锈钢销子并与上面石板的下端孔对正。石板的左右两侧也各有两个孔，以便与销子连接。石板与墙体间留设 80～90 mm 宽的空气层，使石材免受墙体析出的水分和盐分的影响。这种方法一般多用于高度在 30 m 以下的钢筋混凝土墙。如图 3—36 所示。

（3）粘贴法。粘贴法通常是在墙柱等基体上用 1∶2.5 的水泥砂浆抹平，为黏结牢固可在抹水泥砂浆前先刷一道混凝土界面

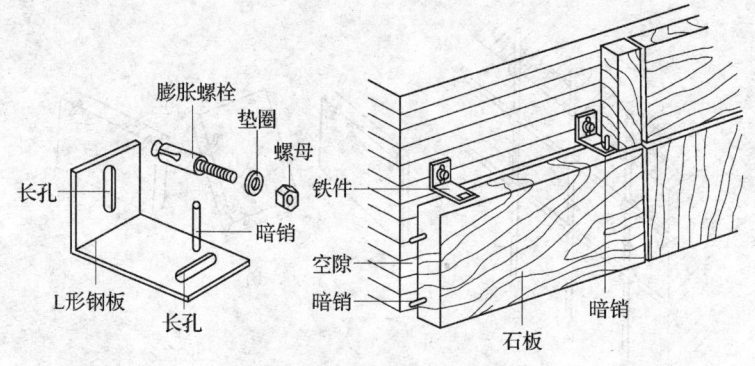

图 3—36　石板墙面干法施工

处理剂，再在石材背面刷 2~3 mm 厚的建筑黏结剂，然后粘贴。石材粘贴后，用稀水泥浆擦缝。如图 3—37 所示。

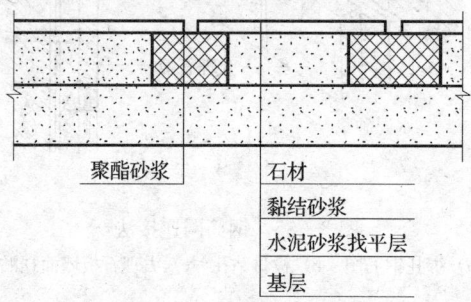

图 3—37　粘贴大理石的构造

(4) 碎拼石材墙面。碎拼石材墙面是利用石材的边角废料形成不规则形状的板材，其色泽多样，厚薄不一，厚度一般为 20 mm。这种做法是用 1∶2.5 的水泥砂浆将墙面找平，并扫毛或划出纹道。粘贴石材前先刷一道掺有 107 胶的水泥素浆，其配比为 107 胶∶水 =（0.03~0.05）∶1。粘接石材的砂浆为 1∶0.2 的水泥石灰膏砂浆，其厚度为 12 mm。石材粘贴后再用 1∶1 的水泥细砂砂浆勾缝。勾缝可以做平缝或凹缝，缝宽也可以不一致。因为缝隙也是构图的一部分,但边部必须整齐。如图3—38所示。

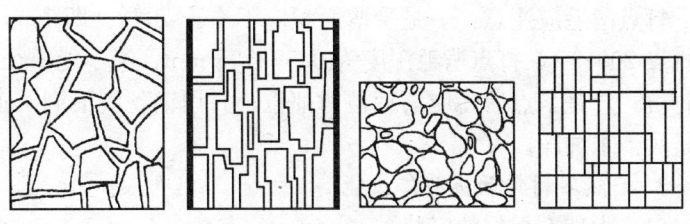

图3—38 碎拼石材墙面

2. 天然石材饰面板施工前的准备工作

施工机具:手动切割器、打眼器、电热切割器、台式切割机、电动切割机、手电钻、电锤。

施工材料:天然大理石、天然花岗石、薄型大理石饰面板、碎拼大理石块料、胶黏剂。

基层处理:

(1)混凝土表面处理。当基体为混凝土时,先剔凿凸出部分,使基体基本平整。然后用火碱水或"洗洁精"类洗涤剂,配以钢丝刷将表面上附着的脱膜剂、油污等清除干净,最后用清水刷净。

基体表面如有凹入部位,则需要用1∶2或1∶3的水泥砂浆补平。若为不同材料的结合部位,如填充墙与混凝土面结合处,还应用钢板网压盖接缝,射钉钉牢。为防止混凝土表面与抹灰层结合不牢,发生空鼓,还可用107胶(30%)加水(70%)拌和的水泥素浆,满涂基体一道,以增加结合层的附着力。

(2)加气混凝土表面处理。在基体清净后,应先刷一道107胶水溶液,为保证块料镶贴牢固,最好满钉丝径0.7 mm、孔径32 mm×32 mm或以上的机制镀锌铁丝网一道。用中U形钉每隔600 mm左右钉一个,呈梅花形布置。

(3)砖墙表面处理。用钢錾子剔除砖墙面多余压浆,然后用钢丝刷清除浮土，并用清水将墙体充分湿润，使润湿深度为2~3 mm。

打点凿毛应注意：一是受凿面积应不小于70%（即1 m² 面积打点200个），打点凿毛深度为0.5~1.5 mm，绝不能象征性地打坑；二是凿点后，应清理被凿部位，并用钢丝刷清刷一道；三是用清水冲净。

3. 天然石材饰面板施工技能

（1）大理石板材的安装

1）传统湿作业法工序。按施工图要求的板块横竖距离弹线、焊接和绑扎钢筋骨架。先剔出墙、柱内预埋钢筋，使其裸露于墙、柱外，然后焊接或绑扎 $\phi 6$~8 mm 的竖筋，再点焊或绑扎 $\phi 6$ mm 的横筋，其位置应在饰面石材竖向尺寸下 20~30 mm 处。

饰面板背面钻孔、挂丝。孔径 5 mm 左右，孔深 15~20 mm，孔位一般距板材两端 1/4~1/3 处。直孔应钻在板厚中心。如板宽不小于 600 mm 时，应在中间加钻一孔。另一种方法是只打直孔，挂丝后，孔内填充环氧树脂或用铅皮卷好挂丝挤紧，再灌入胶黏剂将挂丝嵌固于孔内。还有一种方法是在板材厚度面上与背面的边长 1/4~1/3 处锯三角形锯口，在锯口内挂丝。挂丝宜用铜丝或不锈钢丝。

墙面与柱面安装。首先确定下部第一层板的安装位置。其方法是先用线锤吊线，考虑留出板厚、灌浆厚度及钢筋网所占位置，以准确定出饰面板的位置。将此位置投影到地面，在墙下划出第一层板的轮廓尺寸线，作为基准线。

依基准线在墙、柱上弹出第一层板标高。如有踢脚板，应将踢脚板的上沿线弹好。

根据预排编号的饰面板材，对号入座，进行安装。其方法是：理好铜丝，将石板就位，并将板材上口略向后仰，单手伸入板材后把石板下口铜丝扭扎于横筋上，然后将板材扶正，将上口铜丝扎紧，再用木楔塞垫稳，随后用靠尺与水平尺检查表面平整度与上口水平度。发现问题时，上口用木楔调整，下沿加垫铁皮或铁丝进行找平。完成第一块板后，其他依此进行。柱面可按顺时针方向逐层安装，一般先从正面开始，第一层装完后，应用靠尺调整垂直度，用水平尺调整平整度和阴阳角方正。

临时固定。板材自下而上安装完毕后，为防止水泥砂浆灌缝时板材移动、错位，必须采取固定措施。固定柱面多用方木或角钢，比柱面尺寸大 30～50 mm 夹牢，并用木楔塞紧。外墙面固定板材，应充分利用外脚手架的横、立杆，以脚手架作支撑点，在板面设横木枋，然后用斜木枋支顶横木撑牢。内墙面由于无脚手架可利用，目前比较常用的是用纸或熟石膏外贴。石膏在调制时，应掺入 20% 水泥加水搅拌成粥状，并贴于板边处。

灌浆。板材经校正垂直度、平整度、方正度后，临时固定也已完成，即可灌浆。灌浆以 1∶3 水泥砂浆为宜，厚度为 80～150 mm，并应不大于 1/3 板材高，1～2 h 后再灌第二次，第二次灌至 1/2 板材高，第三次灌至距板材上沿 50 mm 处。

清理。一层石板灌浆完毕后，需待砂浆凝固，方可清理上口余浆，清理表面，隔日再拔除上口木楔和有碍上层安装板材的石膏饼。

嵌缝。板材安装完毕后，清洁表面，然后用与板材颜色相同的水泥砂浆，边嵌边擦，使缝隙嵌浆密实、颜色一致。

抛光。板材安装完毕后，应进行擦拭或用高速旋转帆布擦磨，抛光上蜡。

2) 改进湿作业法。传统湿作业法工序多、操作复杂，而且容易出现粘贴不牢、表面接茬不平等情况。改进湿作业法克服了传统方法的不足而被广泛应用。改进湿作业法与传统湿作业法的不同点如下：

基层处理。先清扫墙、柱基层，并用水湿润，抹 1∶1 的水泥砂浆（砂子应为粗砂或中砂）。大理石板背面应清去浮尘，用清水洗净，以提高其黏结性。

石板钻孔。用固定木架夹具，配合手电钻距板端 1/4 处，板厚中心钻孔。孔径 6 mm，孔深 35～40 mm。如板宽不大于 500 mm 时钻两个孔，大板加钻 1～2 个孔，然后在板两侧各打直孔，孔距板下端约 100 mm，孔径 6 mm，孔深 35～40 mm，上侧孔与下侧孔均用金属錾凿槽，槽深 7～8 mm，以便安装"U"形钉卡。

基层钻斜孔。用冲击钻按分块弹线位置，对应于板材上下直孔位置打 45°斜孔，孔径 6 mm，孔深 40～50 mm。

板安装就位固定。板钻孔后，将大理石安放就位，依板与基层相距的孔距，用加工好的 $\phi 5$ mm 不锈钢"U"形钉钩入大理石板的直孔内，另一端钩入斜孔内，并用硬木小楔楔紧"U"形钉锚具。达到标准平整度后，检查各拼缝是否紧密，最后敲紧小木楔，用大木楔固定板材基体间孔隙，作临时固定。

灌浆。上述步骤完成后，即可分层灌注黏结砂浆，随后清理、擦缝。

3）碎拼大理石的镶贴的方法

基层处理。先将墙面清扫干净，预湿处理。然后冲筋吊线，用 1∶3 的水泥砂浆打底，并养护 1～2 天，最后用 1∶2.5 的水泥砂浆找平。

选料和预拼。因碎拼大理石的块料大小不一，形状不规则，颜色各异。镶贴前，应先选料和预拼，以使其装饰效果更佳。

镶贴大理石碎块。镶贴前，应拉线找方，挂直，做灰饼。门窗口转角处应留出镶贴块料的厚度。若要求有图案，应先放好图案形状并先镶贴图案部位，然后再贴其他部位。镶贴前，应将大理石块料用水浸透，用 1∶2 的水泥砂浆镶贴平稳，用木锤或橡皮锤轻轻敲实，用直尺找平。镶贴厚度不宜超过 20 mm，每天镶贴高度不宜超过 1.2 m。镶贴时，应先贴大块，然后根据间隙形状，选用合适的小块补入，使缝大小基本一致。为保证面层清洁，应随贴随清除表面尘埃。

拼缝。采用非标准块料时，可用干缝，缝宽 1～1.5 mm。镶贴后用同色水泥浆嵌缝，可嵌平缝或凸缝，并擦干块料面，打蜡出亮。镶贴冰裂状块料时，既可作成凹凸缝，也可作成平缝。凹凸缝的宽度为 10～20 mm，凹进或凸出的深度为 3～4 mm。

镶贴毛边碎块时，因其不能密切吻合，拼贴时，应大小搭配，做到自然优美。

图案搭配。注意大小块搭配，色泽柔和，突出装饰效果。

嵌缝。用白水泥和耐碱颜料配成色浆嵌缝，色浆的颜色应与大理石相配。

(2) 花岗石板材的安装

1) 湿作业工艺。这种方法多用于多层建筑和高层建筑的首层施工，适用于砖基层和混凝土基层。其具体做法与大理石湿作业相同。

2) 干挂法工艺。这种方法是直接在饰面板的反面开孔，然后用不锈钢连接器与埋在钢筋混凝土墙体内的膨胀螺栓（角钢）相连。花岗石饰面板距墙面形成 80～90 mm 的空气层。连接器上开孔，并用钢销与上下板材连接。干挂法工艺多用于 30 m 以下的钢筋混凝土结构，砖墙和加气混凝土墙体不宜选用。

3) G、P、C 法工艺。这种方法是以钢筋混凝土为衬板、花岗石为饰面的复合墙板，通过连接器将这种板材吊挂到结构的钢骨架上。

G、P、C 施工技术主要用于 30 m 以上的高层建筑。

(3) 镜面花岗石的 G、P、C 法

1) 花岗石复合板的制作工艺流程：花岗石板进场检验→板材钻孔打眼剔凿→安装金属夹→花岗石板基层处理→石板就位→安装金属网片及埋件→浇捣底板细石混凝土→脱内模→复合板养护→复合板脱模→擦缝→养护。

2）花岗石复合板的安装工艺流程：定位放线→基层处理→清理结构埋件→焊接连接件→连接件刷防腐涂料→固化处理→抛光处理→吊装复合板→连接件固定→吊装检验→嵌缝→清理面层并打蜡。

定位放线是指按立面图在室外地面、山墙和女儿墙顶弹出复合板位置线及分块线。每层复合板位置线和标高均设标高轴线和标准点。楼高四大角用钢丝花篮螺栓拉垂线，标出全楼长、宽、高的控制线。

基层处理是指检查预埋件的位置，在缺棱掉角处用1：2.5水泥砂浆抹平、修整。

焊接连接件是指按分块线焊接刷过防腐涂层的连接件。

连接件用毛刷涂刷防腐涂料两道。

固化处理是指在烤箱内对混凝土表面升温固化。

复合板安装前应在板的两端弹好中线，在墙面或柱面弹上对应的中心及标高分块线，用钢丝绳外裹尼龙带作临时固定复合板的卡箍，使复合板上下对准中线，校正垂直度及方正度后，即可拧紧连接件螺栓。

嵌缝是指在胶封复合板安装完毕后，用抹布擦净表面，在预留缝中用聚苯乙烯板填嵌，用室温硫化型密封材料封闭缝隙，并用整形工具将其修整成一定形状，最后涂光蜡一道。

4. 常见的施工缺陷及预防措施

（1）接缝不平、板面纹理不顺、色差大

产生原因：饰面板翘曲不平，角度不方正；安装时，钢丝绑扎不牢或无固定措施而在灌浆时走偏；未及时用靠尺检查调平；大理石、花岗石板等未试拼、未编号、未选配颜色。

预防措施：安装前，应先将缺棱、掉角、翘曲的板材剔除，每块石材均应作套方检查；铜丝应绑扎牢固，依施工程序作石膏水泥饼或夹具固定后灌浆；每道工序都用靠尺检查调整，使表面平整；天然块材必须试拼，使板与板之间纹理结晶通顺、颜色协调,并编号备用。

（2）板材开裂

产生原因：板材有色纹、暗缝、隐伤等缺陷,凿洞、开槽受外力后,由于应力集中引起开裂；结构产生沉降或地基不均匀下沉；灌浆不严,侵蚀性气体和潮湿空气透入板缝,使挂网锈蚀,造成外推塌落。

预防措施：选料时,应剔除有色纹、暗缝、隐伤等缺陷的板材；加工孔洞、开槽时,应仔细操作；镶贴块料时,应待结构沉降稳定后进行,在顶部、底部安装块料时,应留出一定缝隙,以防结构压缩变形,导致破坏开裂；块材接缝缝隙应不大于0.5 mm,灌浆应饱满,嵌缝应严密,避免腐蚀性气体侵入锈蚀挂网损坏板面。

（3）板材空鼓、脱落

产生原因：结合层水泥砂浆不饱满,安装饰面板时灌浆不严实。

预防措施：结合层水泥砂浆应满抹、满刮,厚薄要均匀,水泥砂浆中宜掺入水泥质量5%的107胶,提高砂浆的黏结性；灌浆应分层,插捣必须仔细,结合部位应留出50 mm不灌,使上下板结合紧密。

（4）墙面碰损、污染

产生原因：运输中搬运不当,包装和施工中受到污染,贴面后未加保护。

预防措施：由于石材较脆,搬运和堆放过程中必须直立搬运,避免一角着地而使棱角受损,其中大尺寸块材应平运；浅色石材应避免板面被包裹湿绳色素污染；施工中板面应用塑料膜遮盖,如沾上砂浆,应立即擦净；贴面完成后,所有阳角部位应用2 m高的木板保护。

5. 施工质量标准及检查方法

天然石材的允许偏差及检查方法见表3—22。

表 3—22　　　天然石材的允许偏差及检查方法

项次	项目		允许偏差（mm）			检查方法
			光面镜面	粗磨面、麻面、条纹面	天然石	
1	立面垂直	室内	2	3	—	用 2 m 托线板检查
		室外	3	9	—	
2	表面平整		1	3		用 2 m 靠尺和楔形塞尺检查
3	阳角方正		2	4		
4	接缝平直		2	4	5	用 2 m 方尺检查
5	墙裙上口平直		2	3	3	拉 5 m 线检查，不足 5 m 时拉通线检查
6	接缝高低		0.3	3		用直尺和楔形塞尺检查
7	接缝宽度		0.5	1	5	用尺检查

五、人造石材饰面板施工

人造石材装饰板包括人造大理石、人造花岗石、预制水磨石、玉石合成石、彩色石英砂装饰板等。人造石材装饰板的花纹和图案可以人为地进行控制，其效果有时可以胜过天然石材，而且质量轻、强度高、耐腐蚀、耐污染、施工方便，是现代装修的理想材料。

人造石材装饰板与天然石材装饰板相比，造价低，质量轻，有利于降低建筑物的自重。

1. 人造石材饰面板施工基本做法

人造石材装饰板与主体结构连接的基本做法有两大类：中小规格石材多以粘贴为主，大规格石材则以挂贴为主。

（1）粘贴法。粘贴法是指用水泥砂浆粘贴、聚酯砂浆粘贴、有机胶黏剂粘贴等做法。

对于聚酯型人造大理石板，可以采用水泥砂浆或聚酯砂浆粘贴，但最理想的黏结剂则是有机胶黏剂。为了降低成本，可以采用与大理石相同组分的不饱和聚酯树脂加入中砂，树脂与中砂的比例为1：(4.5~5)，掺入引发剂制成有机黏结砂浆，其效果较为理想。

对于烧结型人造大理石，由于其性质接近陶瓷制品，其粘贴方法和釉面砖相似。黏结层采用2~3 mm厚的聚合物水泥砂浆，其配合比为1：2.5，其中加入水泥质量5%的107胶。

对于无机胶结材人造大理石和复合型人造大理石，主要应根据其板厚来确定基本做法。薄型板的厚度为4~6 mm，板材质量为8.5~12.5 kg/m²，其黏结层可采用水泥砂浆或聚合物水泥砂浆，砂浆厚度为6~8 mm。厚型板的厚度为8~12 mm，板材质量为1.7~25 kg/m²，其黏结层应采用聚酯砂浆。聚酯砂浆的胶砂比为1：(4.5~5)，并掺入固化剂，聚酯砂浆的耗用量为4.6 kg/m²。

聚酯砂浆费用偏高，大面积采用会提高造价，因而多采用聚酯砂浆粘贴边角、水泥砂浆粘贴平面的做法，以降低成本并达到基本的黏结强度。

（2）挂贴法。对于预制水磨石板多采用挂贴法。

挂贴法的工序为：对于20 mm厚的预制水磨石板，用稀水泥浆擦缝；穿8号铜丝（或ϕ4 mm不锈钢挂钩）安装板材；用50 mm厚、配合比为1：2.5的水泥砂浆灌缝；电焊或绑扎ϕ6 mm双向钢筋网，钢筋间距视板材尺寸而定，一般以200 mm双向为宜；钻孔剔槽预埋ϕ6 mm钢筋长1.50 mm（用于砖墙）或采用射钉射入30 mm（用于钢筋混凝土墙）。

2. 人造石材饰面板施工前的准备工作

施工工具和机具：开刀、木垫板、木锤、橡皮锤、硬木拍板、铁铲、合金钢钻头、弹线用的墨线和墨斗、切割锯类、电钻类、磨光类等。

施工材料：人造石材装饰板及其他类型装饰板。

基层处理：

(1) 水磨石、水刷石板。基层和基体应有足够的稳定性和强度，光滑的基层或基体表面应作处理，使其平整、粗糙，残留的砂浆、尘土和油渍应清除干净。

(2) 人造大理石板。镶贴人造大理石板的基层必须平整，并有足够的稳定性和强度。对光滑的基层应注意凿毛；对粗糙的表面应用砂浆找平。采用挂贴法施工时，应预留好挂丝的固定位置。

3. 人造石材饰面板施工技术

(1) 水磨石、水刷石的安装。安装前，应先抄平、分块弹线，并按弹线尺寸进行预拼和编号；紧固饰面板用的钢筋网，应与锚固件连接牢固；锚固件应在结构施工时预埋；饰面板安装前，应将其侧面和背面清扫干净，并修边、打眼；室外勒脚镶贴饰面板，应待上层的饰面工程完工后进行；对于接缝宽度，水磨石板为 2 mm，水刷石板为 10 mm。

(2) 人造大理石的安装。人造大理石一般均采用水泥砂浆粘贴；粘贴前，应进行划线，横竖预排，使接缝均匀，基体或基层应充分湿润；用配合比为 1∶3 的水泥砂浆打底，找平、划毛。用配合比为 1∶2 的水泥砂浆粘贴；在板背面抹一层水泥砂浆进行对位，由下往上逐一粘贴在基层上；水泥砂浆凝固后，板缝和阴阳角部分用建筑密封胶进行处理；人造大理石的接缝宽度为 1 mm。

4. 常见施工缺陷及预防措施

(1) 接缝不平，板面纹理不顺，色泽差异大

产生原因：饰面板翘曲不平，角度不方正；安装时，钢丝绑扎不牢或无固定措施，灌浆时移动；未及时用靠尺检查调平；水刷石板、人造石板未选配颜色。

预防措施：安装前，应先将有缺棱、掉角、翘曲的板材剔除，每块石材必须套方检查；钢丝应绑扎牢固，依施工程序作石膏水泥饼或夹具固定灌浆；每道工序都用靠尺检查调整，使表面

平整；人造石材必须试拼，使板与板间纹理结晶通顺，颜色协调，并进行编号。

(2) 板材开裂

产生原因：板材有色纹、暗缝、隐伤等缺陷；凿洞、开槽受外力后，由于应力集中引起开裂；结构产生沉降或地基不均匀下沉；灌浆不严，侵蚀气体和潮湿空气透入板缝，使挂网锈蚀，造成板材外斜塌落。

预防措施：选料时，应剔除有色纹、暗缝、隐伤等缺陷的板材；加工孔洞、开槽时应仔细操作；镶贴块料前，应待结构沉降稳定后进行；在顶部、底部安装块料时，应留出一定缝隙，以防止结构压缩变形，导致破坏开裂；板材接缝缝隙应符合灌浆饱满、嵌缝严密等要求，避免腐蚀气体进入侵蚀挂网，损坏板面。

(3) 板材空鼓、脱落

产生原因：结合层水泥砂浆不饱满，安装饰面板时灌浆不严实。

预防措施：结合层水泥砂浆应满抹、满刮，厚薄要均匀，水泥砂浆中应掺入水泥质量5%的107胶，提高砂浆的黏结性；砂浆应分层，插捣必须仔细。接合部位应留30 mm不灌，使上下密合。

(4) 墙面碰损、污染

产生原因：运输中搬运不当，包装和施工中受到污染，贴面后未加保护。

预防措施：石材在搬运和堆放过程中必须直立搬运，避免一角着地而使棱角受损，尺寸较大的板材应平运；浅色石材不宜用草绳捆扎，以免板面被包裹湿绳色素污染；施工中，板面应用塑料膜遮盖，如沾上砂浆，应立即擦净；贴面完成后，所有阳角部位用2 m高的木板保护。

5. 施工质量标准及检查方法

人造石材的允许偏差及检查方法见表3—23。

表 3—23　　　人造石材的允许偏差及检查方法

项次	项目		允许偏差（mm）			检查方法
			人造大理石板	水磨石板	水刷石板	
1	表面平整		1	2	4	用 2 m 靠尺及楔尺检查
2	立面垂直	室内	2	2	4	用 2 m 托线板检查
		室外	3	3	4	同上
3	阳角方正		2	2		用 2 m 方尺和楔尺检查
4	接缝平直		2	3	4	拉 5 m 线检查，不足 5 m 拉通线和尺量检查
5	墙裙上口平直		2	2	3	同上
6	接缝高低		0.5	0.5	3	用直尺和楔形塞尺检查
7	接缝宽度		0.5	0.5	2	用尺检查

◆装饰装修实例：

某夫妇将儿童卧室墙面装饰为柔软、吸声、消振、易清洁、保温、防撞性能好的人造革墙面。下面介绍这种施工方式。

首先，进行基层防潮处理。因为墙柱体散发的潮气会使基面木板翘曲、变形而影响到人造革饰面的质量，所以要对基层作防潮处理。通常的做法是先抹 20 mm 厚、配合比为 1∶3 的水泥砂浆，再刷一道冷底子油，并做"一毡二油"防潮层。

其次，钉木龙骨。木龙骨钉固在墙、柱体内预埋的木砖或打入的木楔上。木龙骨上再铺钉胶合板，然后用人造革包裹泡沫塑料或棕丝、矿棉之类的填充材料，覆盖在胶合板上，最后用电化铝帽头钉将皮革固定好。其基本构造如图 3—39 所示。

最后，进行面层固定。主要有成卷铺装法和分块固定法两种。

（1）成卷铺装法。由于人造革材料有成卷的规格，当要进行大面积施工时，可以成卷铺装。这样既节省了工时，又提高了

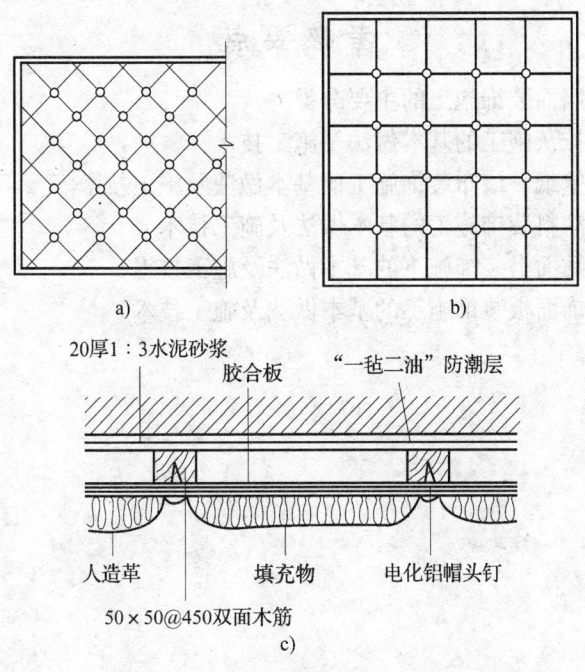

图 3—39 墙、柱人造革饰面的基本构造
a) 装饰效果一 b) 装饰效果二 c) 基本构造

工效。

(2) 分块固定法。其做法是先把人造皮革和胶合板按设计要求的尺寸进行裁剪,然后包裹衬托材料并一起固定在木龙骨上。

安装时,用胶合板压住面料,压边为 20～30 mm,再用圆钉固定在木龙骨上,然后在皮革与胶合板之间放入泡沫塑料之类的衬垫并包覆固定。值得注意的是,胶合板的接缝必须在龙骨的中线上。另外,剪裁皮革时,除了要考虑装饰的实际尺寸之外,还要多留 20～30 mm 用于压边。

考 核 要 点

1. 墙面装饰施工的主要分类
2. 抹灰施工的基本做法及施工技术
3. 壁纸、墙布装饰施工的基本做法及施工技术
4. 涂料装饰施工的基本做法及施工技术
5. 贴面类装饰施工的基本做法及施工技术
6. 饰面板装饰施工的基本做法及施工技术

第四单元　地面装饰装修工程施工

地面是建筑物底层地面和楼层地面的总称，它们的面层构造和所用材料是相同的，只是承重层不同。

地面的名称一般是依据面层所用材料而定的，按面层所用材料和施工方式，可分为大理石、花岗岩、预制水磨石地面、陶瓷锦砖地面、碎拼大理石地面、木质地面等。

模块一　大理石、花岗岩及预制水磨石地面施工

地面用的大理石板和花岗石板是用荒料经锯切、研磨、抛光及切割等工艺而制成的，其质地坚硬，色泽鲜艳、美观，属于高档的地面装修材料，主要用于高级宾馆、公共建筑大厅、影剧院、体育馆等入口处及公共活动房间地面的铺设。

水磨石板是用石粒、颜料、水泥、中砂等材料，经过拌和、成型、养护、磨光打亮等工艺制成，色泽、品种较多，通常分为普通水磨石板和美术水磨石板，较普遍地用于各种建筑地面的铺设。

一、大理石、花岗岩和预制水磨石地面施工的基本做法

大理石、花岗石和预制水磨石地面的构造，是以水泥砂浆作为黏结剂，将石板粘贴到整体性和刚性较好的垫层上，其基层和垫层的做法与一般水泥地面的做法相同。如图4—1、图4—2所示。

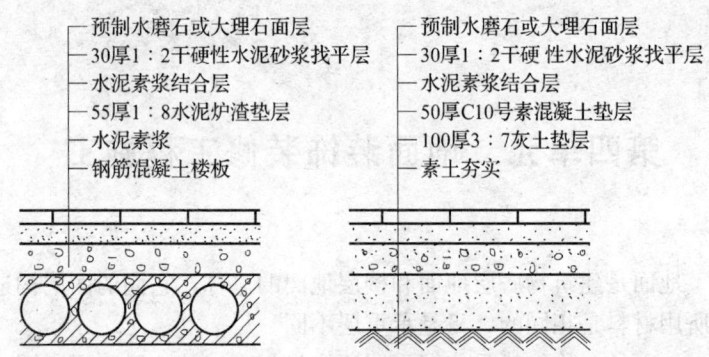

图 4—1 大理石、花岗石和预制水磨石地面的构造

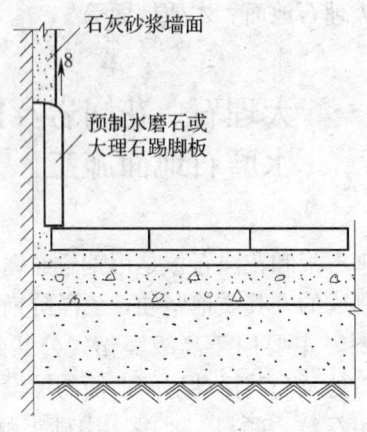

图 4—2 踢脚板的构造

二、大理石、花岗岩和预制水磨石地面施工前的准备工作

1. 施工机具

施工机具主要有切割机、磨石机、磨石、钢卷尺、水平尺、方尺、墨斗、尼龙线、靠尺、木刮尺、木锤（或橡皮锤）、木抹子、铁抹子、小灰铲、喷水壶、茅草刷、擦布、棉纱、合金扁凿、筛子等。

2. 施工材料

施工材料主要有大理石、花岗石、预制水磨石板、硅酸盐水泥。

3. 基层处理

铺设板块前,应先挂线检查并检测垫层的平整度,清除基层表面的浮灰、油垢和垃圾,用水冲洗干净,提前一天湿润基层表面。

三、大理石、花岗岩和预制水磨石地面的施工技能

大理石、花岗石和预制水磨石地面的施工工艺流程为:弹线→试拼→扫浆→铺结合层砂浆→铺地面板→灌缝、擦缝→上蜡。

1. 弹控制线

根据墙上 50 cm 水平基准线,在四周的墙上弹出地面面层标高线、水泥砂浆结合层标高线。水泥砂浆结合层厚度一般为25~30 mm。有坡度要求的地面应弹出坡度线。

2. 板块浸水

施工前,应将板块浸水湿润,并阴干、码好备用,在铺砌时,使板块的底面内潮外干,以免铺设后的板块吸收结合层砂浆中的水分而影响砂浆强度。

3. 试拼

对于每个房间的板块,应按图案、颜色和纹理试拼。试拼后,按两个坐标方向将板块编号,然后按编号码放整齐。

4. 试排

试排的一种方法是在两个互相垂直的方向,按标准线铺两条干砂带,宽度大于板块,砂厚 3 cm。根据设计图纸要求,拉线校正排好板块,并核对板块与墙边、柱边、门洞口及其他较复杂部位的相对位置,检查缝隙宽度。板块间的缝隙大小应满足设计规定,如无设计规定,则要求预制水磨石板的板间缝隙不大于 2 mm,大理石、花岗石板的板间缝隙不大于 1 mm。根据试排结果,在房间主要部位弹上互相垂直的控制线并引至墙上,用于检

查和控制板块的位置。对于非整块板，应量出尺寸进行切割。

试排的另一种方法是利用试排的板块带，铺成互相垂直的通长标筋。标筋的做法是先在基层上铺设互相垂直的水泥砂浆带，然后铺贴板块，并严格检查板块表面的标高、方整度、平整度和缝隙大小。如符合设计要求，则养护 1～2 天，以此标筋为准全面铺设。

5. 铺设水泥砂浆结合层

铺设结合层所用的砂浆可用干硬性砂浆，其厚度为 25～35 mm，配合比为水泥∶砂子＝1∶2（体积比）。铺抹时，先刷一道水灰比为 0.4～0.5 的水泥素浆，随刷随铺结合层砂浆。摊铺砂浆的方向，由里向外进行，摊铺长度应在 1 m 以上，宽度应超出板块 20～30 mm，厚度应高出线 3～5 mm，然后用刮尺刮平、拍实，用木抹子找平。

6. 铺板块

铺板块的顺序一般是从中间向边缘展开直铺至门口。铺设前，应拉通线，将板块按线平稳铺下，对准纵横缝后，用橡皮锤轻击板块，根据捶击声音判断板块下面的砂浆的密实程度。如有空隙，应掀起板块补浆密实，当缝隙、平整度均满足要求后，揭开板块，在结合层上浇一层水泥素浆，再正式铺贴。

正式铺贴时，板块四角要平稳下落，对准纵横缝后，用橡皮锤轻击贴实，用水平尺找直、找平。捶击板块时，不要敲砸边角，以免造成空鼓。每铺完一条板块，应及时拉通线检查各项质量要求和允许偏差。

7. 灌缝、擦缝

板块镶贴 24 h 后，应洒水养护，两天后，应检查平板有无断裂、空鼓现象。若无此现象，即可在缝隙内灌水泥色浆；水泥色浆应按所定的颜色，在白水泥中加入相应的矿物颜料进行调剂。灌缝后 1～2 h，用棉纱蘸水泥色浆进行擦缝，并将沾污的板面擦拭干净，铺上锯木养护 3 天。

8. 镶贴踢脚板

镶贴踢脚板时，大理石、花岗石、预制水磨石踢脚板的高度一般为 100～200 mm，厚度为 5～20 mm。踢脚板施工前，应认真检查，清理墙脚，并提前一天浇水润湿。按需要的数量，将阳角处踢脚板的一端切成 45°角；将踢脚板用水刷净，阴干备用。镶贴时，由阳角开始向两侧试贴，然后检查是否平直、缝隙是否严密、有无掉角等，这些均已达到合格要求，方可实贴。

踢脚板的贴法，一般采用粘贴法，当墙脚抹完底层砂浆后，根据踢脚板出墙面的厚度，再抹上 1∶2 的水泥砂浆找平、划毛；水泥砂浆硬化后，将已浸湿、阴干的踢脚板背面抹上 2～3 mm 厚的水泥素浆，按控制线镶贴正确，用橡皮锤轻击贴实，并用靠尺找直、找平，用方尺找角；次日，用与地面同色的水泥色浆对踢脚板进行擦缝。

9. 上蜡

待结合层砂浆强度达到 70% 以上时，可用磨石机装上 240～300 号油石洒水研磨一遍，然后清洗、晾干、上蜡、抛光。

上蜡、抛光的操作方法是：首先配制草酸溶液，其浓度配合比为热水∶草酸＝1∶0.35（质量比）混合。经冷却后用布蘸上草酸溶液涂拭水磨石表面，然后用 300～320 号油石细磨，磨至表面光洁无垢；或者用浓度 10% 的草酸溶液加入 1%～2% 氧化铝涂刷在磨石面上，再细磨出光，清洗晾干后上蜡。蜡液的配合比为川蜡∶煤油∶松香水∶鱼油＝1∶(4～5)∶0.6∶0.1。配制蜡液时，先将蜡和煤油在桶内加热至 120～130℃，边加热边搅拌至全部溶解成蜡液。使用时，加入松香水和鱼油调匀。上蜡的方法是：用布团蘸取蜡液，均匀地擦拭于磨石上，稍干后即用磨光机擦磨。磨光机是在磨石机转盘上组装粗布团构成的。当磨石表面磨出光亮后，再涂一遍蜡液，再磨至表面光滑、明亮为止。

四、常见施工缺陷及预防措施

1. 板块空鼓

产生原因：基层处理不干净，结合不牢；结合层砂浆太稀；基层干燥，水泥素浆结合层刷的不均匀或已干硬；结合层砂浆未压实；铺贴不当。

预防措施：施工前，应彻底清除基层上的灰渣和杂物，并用水冲洗干净，结合层砂浆应采用干硬性砂浆；砂浆应搅拌均匀，切忌用稀砂浆；铺砂浆前，应先湿润基层，水泥素浆刷匀后，随即铺结合层砂浆；铺抹结合层砂浆时，应拍实、揉平、搓毛；板块铺贴前，应用水浸湿后晾干，试铺后，再浇一层水泥素浆即可正式铺贴，严禁撒水泥面铺贴，定位后，用橡皮锤将板块轻击压实。

2. 板接缝高低差

产生原因：板块直角度偏差大、厚薄不均匀；铺贴操作中检查不严格。

预防措施：采用"品"字法挑选合格产品，剔除不合格品；对厚薄不匀的板，采用厚度调整器在背面抹砂浆调整板厚；采用试铺方法，浇浆宜稍厚一些，板块正式落位后，用水平尺骑缝搁置在相邻的板块上，边轻捶板面压实，边检查相邻板块接缝高差，直至板面齐平为止。

模块二　碎拼大理石地面施工

一、碎拼大理石地面施工基本做法

碎拼大理石地面又称冰裂纹地面，是采用经过挑选的、不规则的大理石碎块，不规则地铺贴在水泥砂浆找平层上，用水泥砂浆或水泥石粒浆填补块料间的缝隙而形成的。

碎拼大理石地面的构造层次与大理石、花岗石和预制水磨石地面相同。如图 4—3 所示。

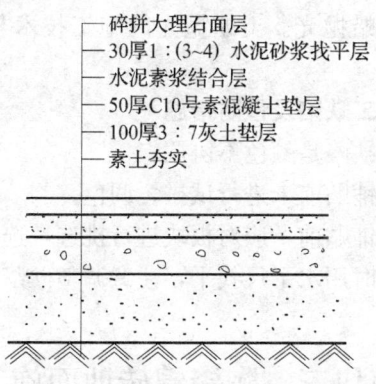

图 4—3　碎拼大理石地面的构造

二、碎拼大理石地面施工前的准备工作

1. 施工机具

施工机具主要有磨石机、磨石、钢卷尺、水平尺、墨斗、尼龙线、靠尺、木刮尺、木锤或橡皮锤、木抹子、铁抹子、小灰铲、喷水壶、茅草刷、擦布、合金扁凿等。

2. 施工材料

施工材料主要有碎大理石块、硅酸盐水泥、普通水泥或矿渣水泥、粗砂、石粒地板蜡、川蜡或石蜡。

3. 基层处理

清除基层表面的浮灰、油垢及垃圾，用水清洗干净。提前一天用水湿润表面。

三、碎拼大理石地面的施工技能

碎拼大理石地面的施工工艺流程为：弹线→试拼→试排→扫浆→铺结合层砂浆→铺地面板→填缝→养护→磨缝→上蜡。

碎拼大理石地面的铺贴施工方法与大理石地面的铺贴基本相同。石板间的缝隙可大可小，互相搭配贴出各种图案；缝隙可用同色水泥色浆嵌抹，作成平缝，也可以嵌入彩色水泥石粒浆。嵌抹时,应凸出板面 2 mm,养护结硬后,用金刚石将凸缝磨平,面层磨光,再上蜡抛光。上蜡抛光的施工技术与大理石地面相同。

四、常见施工缺陷及预防措施

常见的施工缺陷是颜色不协调。

产生原因:铺贴前未进行试拼、调色。

预防措施:铺贴前,应对板块进行挑选,选择厚薄一致的板材;铺贴时,随时用水平尺找平,注意调整砂浆厚度。

模块三 陶瓷锦砖地面施工

陶瓷锦砖又名马赛克,是用优质瓷土烧制而成的,其质地坚硬,经久耐用,色彩、形状多样,具有耐磨、防水、耐腐蚀、易清洁等特点。陶瓷锦砖适用于卫生间、厨房、化验室及精密工作间地面。

一、陶瓷锦砖地面施工的基本做法

陶瓷锦砖必须铺设在整体性和刚性较好的基层和垫层上,用 20 mm 厚、配合比为 1∶3 的干硬性水泥砂浆作为结合层,用白水泥擦实锦砖缝隙。如图 4—4 所示。

二、陶瓷锦砖地面施工前的准备工作

1. 施工机具

施工机具主要有尼龙线、水平尺、方尺、墨斗、喷水壶、刮尺、木抹子、靠尺、灰桶、铁抹子、排笔、小灰铲、水桶、钢皮开刀、木拍板、木锤和橡皮锤、擦布和棉纱、茅草刷、鸡脚刷、木踏脚板等。

2. 施工材料

施工材料主要有陶瓷锦砖、普通水泥、白水泥、粗砂或中砂。

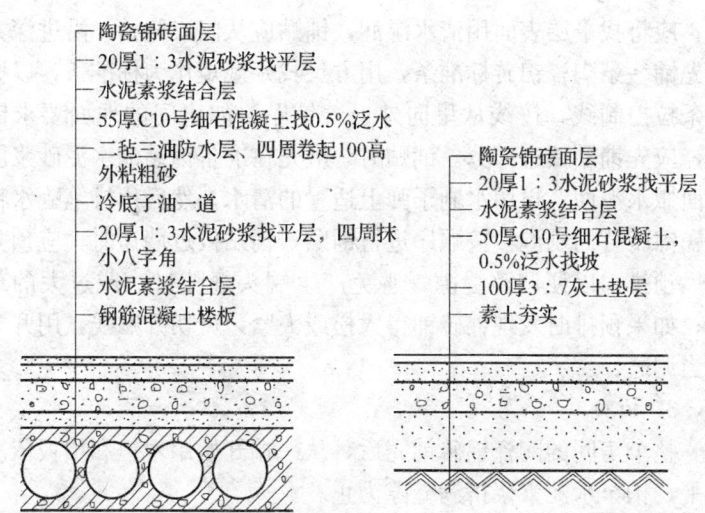

图 4—4 陶瓷锦砖地面的构造

三、陶瓷锦砖地面的施工技术

陶瓷锦砖地面的施工工艺流程为：抹水泥砂浆找平层→抹结合层→铺陶瓷锦砖→拍实→洒水→揭纸→拨缝→灌缝→养护。

1. 抹水泥砂浆找平层

根据墙上 50 cm 水平线，在墙上弹好地面水平标高线，作标志块，标志块间距为 1.5 m，根据标志块作标筋。标志块和标筋的表面应比地面水平标高线低一块陶瓷锦砖的厚度。然后铺抹找平层水泥砂浆，砂浆应采用机械拌和，其干硬度以手捏成团，落地即散为好。铺砂浆前，先在基层上浇一道水泥素浆（水灰比 1：0.5）。标高一般确定为 25～30 mm。水泥砂浆可从里向门口铺抹，虚铺高度可比结合层标高高出 3～4 mm，然后用刮尺刮平、拍实，再用木抹子找平。有泛水要求的地面，应事先用标筋找出坡度。

2. 抹结合层、铺陶瓷锦砖

找平层水泥砂浆养护 2～3 天后，开始铺贴陶瓷锦砖。铺贴前，应将找平层表面用清水湿润，铺贴应从门口开始，沿进深方向先铺一条陶瓷锦砖标准条，用方尺找好规矩作为标准条，以标准条拉控制线，按线从里向外退着铺贴。如房间的地面要求镶边，应先铺贴镶边部分。铺贴时，应先在准备铺贴的水泥砂浆层表面撒水泥面，再用水刷子弹上适量的清水，然后用排笔蘸水将陶瓷锦砖背面刷湿，按顺序进行铺贴；铺贴接近墙边时，应预先量尺预排，以便调整缝隙，避免产生端头缝隙过小或过大的现象；如果预排时发现锦砖铺得太松或太紧，可切开贴线，用开刀适当调缝。

3. 拍实

整个房间的陶瓷锦砖铺完后，从一端开始用木锤和拍板依次拍平，拍至水泥素浆挤满缝隙为止。

4. 洒水、揭纸

用喷壶在已铺好的面层均匀地洒水，使陶瓷锦砖的贴纸浸透为宜，经 15~25 min，即可以把锦砖贴纸揭掉，擦净。洒水不宜过多，以免粒片浮起；洒水也不宜过少，以免浸水不透，而贴纸不易被揭起。

5. 拨缝、灌缝

揭纸之后，按砖缝拉线，依照先纵向后横向的顺序，用开刀依线将缝隙拨直、拨匀，拨好后用排笔蘸浓水泥浆灌缝，或用水泥面将缝隙填满，适当洒水、擦平。拨缝、灌缝之后，应检查缝格的平直度、接缝的高低差，进行板面调整；沾污在砖面上的水泥浆，应在凝固前清除干净。在进行上述检查操作时，操作人员应在木踏板上行走，严禁直接踩踏在陶瓷锦砖地面上。此外，应注意根据施工时的气温情况，掌握操作时间，要求在 5~6 h 内完成全部操作，以免砂浆结硬而无法工作。

6. 养护

陶瓷锦砖地面全部铺完 24 h 之后，在其上撒锯末，养护 4~5 天之后，方可上人行走。

四、常见施工缺陷及预防措施

1. 地面标高超高

产生原因：结合层砂浆控制不严、过厚；在标筋上平面未复查标高。

预防措施：按标筋上平面控制结合层砂浆厚度，不超高；标筋完成后，应按地面水平标高线加一块陶瓷锦砖的厚度，复查标筋顶面标高，应符合要求。

2. 缝格不均匀

产生原因：选料不严格，陶瓷锦砖尺寸大小不一致。

预防措施：同一房间使用的陶瓷锦砖长、宽尺寸必须相同，不合格的产品应剔除。

3. 缝隙不顺直，纵横错缝

产生原因：拨缝不认真，铺贴时，未及时检查调整。

预防措施：揭纸后，用开刀把缝隙拨直、拨匀；坚持按水平标高线拉纵向线、横向线进行检查，发现错缝，立即纠正。

4. 空鼓、脱落

产生原因：结合层砂浆摊铺后，未及时铺贴陶瓷锦砖；未认真压实，或过早地踩踏门口等部位。

预防措施：结合层砂浆铺完后，应接着铺陶瓷锦砖，撒干水泥面时，应洒水润湿，陶瓷锦砖背面应刷湿；每铺贴一块，应认真拍实至水泥素浆挤出；门口铺贴后，应垫木板，方可以过人。

模块四　木质地面施工

木地面是一种传统的地面，由松木、硬杂木、水曲柳、红木等材料制成。木地面具有古朴大方、脚感弹性好、导热系数小、美观、隔振等特点，是一种理想的地面装饰材料。

按木地面的构造，可分为空铺木地面和实铺木地面；按其面层做法，又可分为单层木地面和双层木地面。

一、木质地面的基本做法

1. 空铺木地面

空铺木地面多用于首层地面，它是由地垄墙、压沿木、垫木、木龙骨、剪刀撑、木地板等组成的。如图4—5所示。

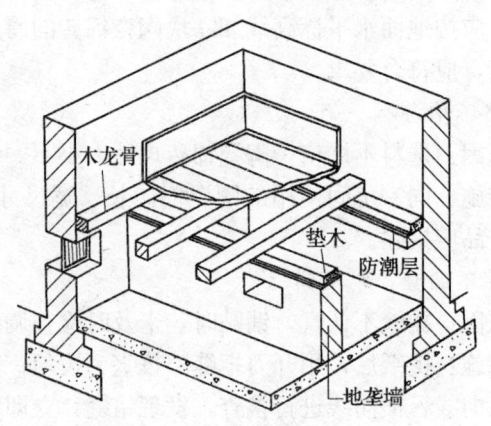

图4—5 空铺木地板的构造

地垄墙是承受木地面荷载的重要构件，其上铺一层油毡，再铺压沿木和垫木。木龙骨的两端固定在压沿木或垫木上，在木龙骨之间设剪刀撑，以增强龙骨的稳定性。木龙骨、压沿木、垫木及木地板的底面均应作防腐处理，涂沥青或氟化钠溶液。

为了保证木地面下架空层的通风，在每条地垄墙、内横墙和暖气沟墙等处，均应预留通风洞口，并要求在一条直线上，使通风顺畅，暖气沟的通风沟口可采用钢护管与外界相通。在外墙每隔3～5 m的距离留设通风口，洞口下皮距室外地坪不小于200 mm，通风口应安设算子。

单层木地面是在龙骨上直接铺钉木地板，龙骨间距300～600 mm，木地板厚度15～18 mm。双层木地板是先在龙骨上钉一层毛地板，板厚10～12 mm，在毛地板上面再钉一层精制木地板或单面刨光的条板，板厚 8~10 mm，两层板的铺设方向，要交错 45°或 90°，面层板可以用短条板拼成方格形、人字形、席纹形等各种图案。面层板和毛地板之间铺设一层油纸或 PVC 地板膜作缓冲层。面层为长条木地板时，其长度方向应沿房间光线进入的方向。面层木地板铺好后要刨光、打磨、清漆、抛光、上蜡。

木地板的四周墙脚处，应设木踢脚板，其所用的木材一般与木地板面层相同。木踢脚板应事先刨光，上口应刨成直线，为防止翘曲，在靠墙的一面应开一条深 3~5 mm 的凹槽，当木踢脚板的高度较大时，可开两条或三条凹槽。木踢脚板与墙面的连接方法是，在墙上每隔 400 mm 砌入一块防腐木砖，外加钉木垫块与之连接；在地面转角处，一般要安装木压条盖住木踢脚板和地面的接缝。为了保证龙骨层通风、干燥，常在木踢脚板处开设通风口，或在木踢脚板上每隔 1~1.5 m 钻 φ6 mm 通风孔，上下两排。

2. 实铺木地面

实铺木地面一般多用于楼层，但也可以用于底层，可以铺钉在龙骨上，也可以直接粘贴在基层上。如图 4—6 所示。

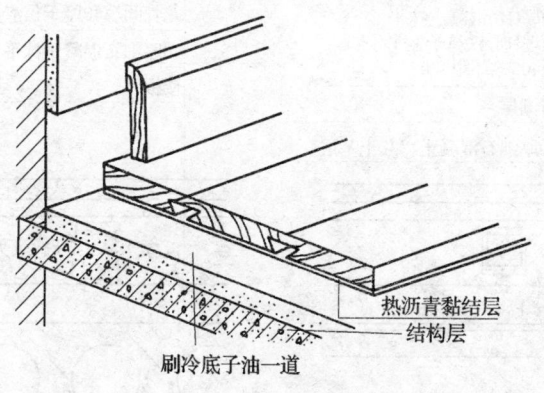

图 4—6 实铺木地面的构造图

（1）底层实铺木地面。底层实铺木地面的基层和垫层做法，与其他首层地面的常规做法基本相同。为了铺木地板，需要在垫层上作防潮处理，铺"一毡二油"防潮层，其上浇注一层60 mm厚的细石混凝土找平层，并预埋用$\phi 6$ mm钢筋作成的∩形铁鼻子或螺栓，间距400 mm，以便固定木龙骨。木龙骨断面尺寸为50 mm×70 mm，间距为400~500 mm，用12号铁丝将木龙骨与铁鼻子绑扎。木龙骨之间钉50 mm×50 mm的横撑，间距为800 mm；木龙骨与横撑均应涂沥青以防腐。底层实铺木地面可作成单层或双层。如图4—7所示。

（2）楼层实铺木地面。楼层实铺木地面的承重层为钢筋混凝土楼板，在预制楼板板缝或现浇楼板中，预埋$\phi 6$ mm钢筋作成的∩形铁鼻子或螺栓，以便绑扎固定龙骨，其做法与底层实铺木地面相同。如图4—8所示。

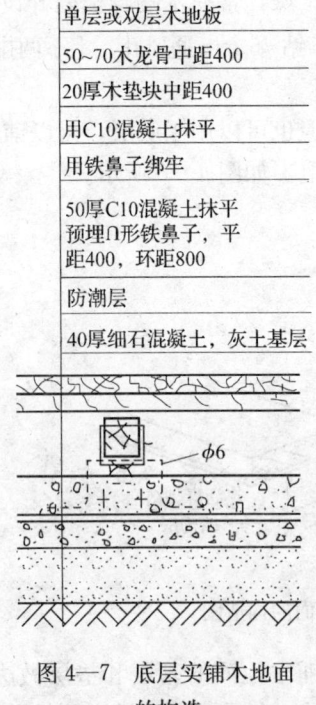

图4—7 底层实铺木地面的构造

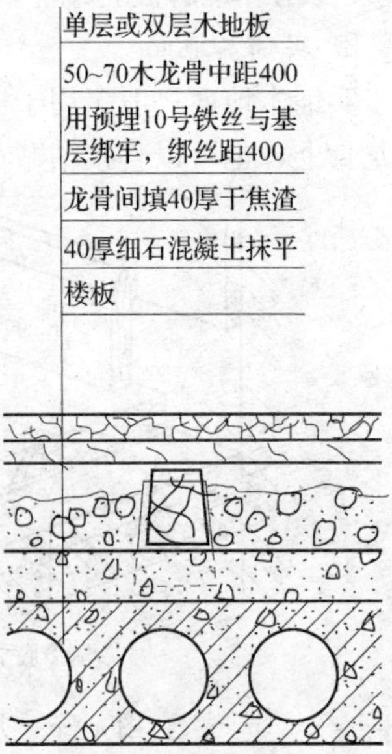

图4—8 楼层实铺木地面的构造图

二、木质地面施工前的准备工作

1. 施工机具

施工工具主要有钢卷尺、墨斗、磨刀石、方尺、折尺、割角尺、油漆刷、撬棍、旋具、手铲、斧子、锤子、单线刨、手锯、凿子、铁冲子、钎子棍、电锯、电刨、台钻、手电钻、冲击钻、刨地板机、磨地板机、刮胶板、排笔、开刀、牛角板、砂纸、烘蜡器、电烙铁及其他辅助工具。

2. 施工材料

施工材料主要有木龙骨、撑木、垫木，最好用红白松。毛地板为杉木，硬木地板为水曲柳、柞木、核桃木、黄檀木等，进口木材可选用北美橡木、枫木或榉木等，木踢脚板、防潮纸、胶黏剂、镀锌铁丝、隔音材料。

3. 基层处理

地垄墙间的杂物清理干净，地垄墙顶面要有水平仪找平，抹1∶2的水泥砂浆找平层。养护，砂浆强度达标后方可安装龙骨。

实铺木地面的基层为细石混凝土或钢筋混凝土楼板。施工前，应清理杂物，检查平整度及预埋件。

三、木质地面的施工技能

1. 空铺木地板

空铺木地板的施工工艺流程为：地垄墙顶弹线→干铺油毡一层→铺压沿木、垫木→安装木龙骨、钉剪刀撑→弹线、钉毛地板→找平、刨平→弹线、铺钉硬木面板→找平、刨平→弹线、钉木踢脚板→刨光、打磨→油漆。

（1）安装木龙骨。首先在地垄墙上干铺油毡一层，然后铺压沿木和垫木。在压沿木表面划出木龙骨的位置线，同时在木龙骨的端头划中线，按中线对准位置线摆放龙骨。摆放时，木龙骨端头距离墙面不少于30 mm，以利于防潮、通风。

放好木龙骨后，用地垄上预留的铁丝将木龙骨进行绑扎。然后按木龙骨标高拉水平线，用水平尺调平、刨平，也可对底部稍加砍削，以便找平，但砍削深度不得超过10 mm，并在砍削处涂防腐剂。木龙骨安装找平后，再用100 mm长的铁钉，从木龙骨两侧斜向钉入，与下部的压沿木钉牢。在木龙骨之间，每隔800 mm钉一道剪刀撑。

(2) 铺设毛地板。铺双层木地板时，在木地板龙骨上先铺一层毛地板。铺设前，必须清除地板下空间的刨花、木屑等杂物，并在龙骨顶面弹出与龙骨成30°～45°角的铺钉线。

毛地板的拼缝方式，一般采用高低缝。铺钉时，应使木板的髓心向上，板间缝隙小于3 mm的板的接头必须设在木龙骨上，留出2～3 mm缝隙，接头要间隔错开，不要全在一条龙骨上。木板与每根龙骨相交处，应钉两个钉子，钉的长度为板厚的2.5倍。钉头要砸扁，钉帽进入板面内2 mm，木板距离墙10～20 mm。

毛地板钉完后，在板面上弹出方格网点并抄平、刨平，边刨边用直尺检测，使表面水平度与平整度达到控制标准后，方可钉硬木面板。

(3) 铺设面层板。面层板分为条木地板（如图4—9所示）和拼花木地板（如图4—10所示）。其铺设方法如下：

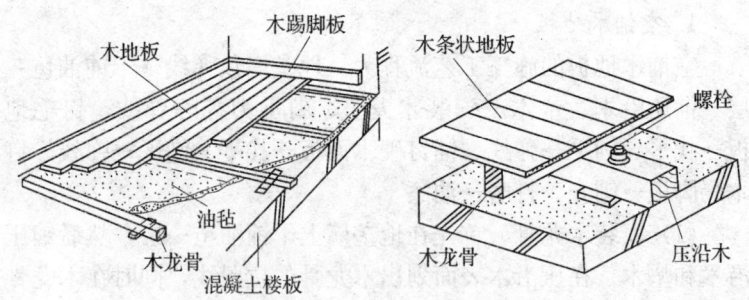

图4—9 空铺条木地板

1) 条木地板的铺钉。条木地板的面层板是板宽小于120 mm的长条木板，其正面应刨平，侧面为企口板，面层板与

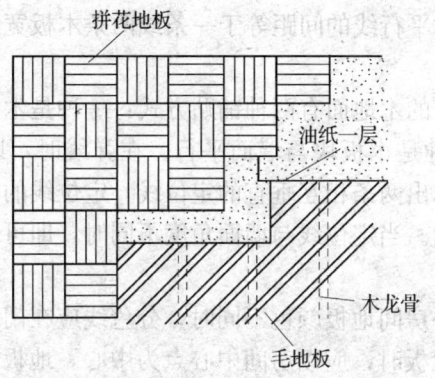

图 4—10 空铺拼花木地板

木龙骨垂直,并要顺着进门方向。

木板的接头,应在木龙骨的中线部位并间隔错开。木板的髓心要朝上,并与墙面之间留出 10~20 mm 的缝隙。木板要逐块排紧,缝隙不得超过 1 mm。

圆钉的长度为木板厚度的 2~2.5 倍,钉帽要砸扁,钉子从板的凸榫边凹角处斜向钉入。木地板与龙骨相交处只钉一个钉子即可。

如果是双层木地板,在毛地板上铺钉条木地板时,先在毛地板上弹出铺钉线,由中间向边缘铺钉(小房间可从门口开始)。铺钉时,先跟线钉一条面层板作基准,检验合格后,顺序向前展开。为使条木地板排紧,可在木龙骨或毛地板上钉上一只铁扒钉,在铁扒钉与面层板之间打入一对木楔块以挤紧。对于最后一块,可用明钉钉牢,钉帽要砸扁,冲入板内 3~5 mm。

如果是硬木条板,在铺钉前,应在钉孔部位先钻孔,孔径为圆钉直径的 0.7~0.8 倍,然后穿钉子钉紧。

2)拼花木地面的铺钉。为了保证拼花木地面的图案准确,在铺钉前必须弹线,以控制铺钉。

席纹拼花的弹线比较简单,只要在基面上弹出木地板走向的平行线即可。平行线的间距等于一条或两条木板宽度,以便于按线铺钉。

方格花纹的木地面有两种铺贴方式:一种是木板块与墙面成45°角,另一种是木板块与墙面平行。在弹线时,以房间的中心点为中心,弹出两条相互垂直的定位线,定位线的方向即是木板块的排列方向。当定位线与墙面角度不同时,即可铺贴出不同方格的花纹。

当内、外房间地板颜色不同时,分色线应在门框裁口线处。

布置木地板时,应以房间中心点为中心,地板档数必须是偶数,两边留头要一致,四周要有一定的宽度作为地板的镶边。确定施工线位置时,也应以房间的中心点为中心,弹出房间地面纵横两条中心线。

施工线弹出后,第一块木板的铺设是保证整个地板对称的关键。从中点开始,对准角度定位线和施工线,先钉出标准条,铺出几个方块或几档作为标准板。标准板铺好并检验合格后,按弹好的档距施工线,边铺油毡边顺次向四周铺钉。

拼花木地板的铺钉,应在毛地板已经铺好、清扫干净并铺一层沥青油纸或纱布后,方可进行。各块木板间要相互排紧,个别缝隙不得超过 0.3 mm,所用钉子的长度应为面层板厚的 2~2.5 倍,在侧面斜向打入毛地板内,钉头不可露出。当木板长度小于 300 mm 时,侧面应钉两只钉子;当木板长度大于 300 mm 时,应钉三只钉子。

镶边的方法有两种:一种是用长条木地板沿墙铺钉;另一种是先用长条木地板圈边,再用短条木地板横钉。镶边地板应做成榫接,末尾一块木地板不能榫接,应加胶粘接、钉牢。

(4) 面层刨光、打磨。木地板铺设完毕后,在板面弹出方格线,测水平度。然后顺着木纹方向用手工刨或刨地板机刨平、刨光,边刨边用直尺检查平整度。靠墙的地板应先行刨平、刨光,以便于安装踢脚板。

刨光时，应注意消除板面的刨痕、刨茬和毛刺。刨平后，用细刨净面，检测平整度，最后用磨地板机顺木纹方向打磨，打磨厚度不宜超过 1.5 mm，并应无痕迹。

如为拼花木地板，则应用刨地板机在与木纹成 45°角方向上刨光，转速要大于 5 000 r/min，慢速行走，不宜太快；停机不刨时，应先将地板机提起，再关电闸，以避免因慢速旋转而咬坏地板面；在边角处，可用手刨刨光。

(5) 安装木踢脚板。木踢脚板的安装应在木地板刨光后进行。安装时，先在地板上弹出木踢脚板的厚度铺钉线，然后用约 50 mm 长的钉子，将木踢脚板上下钉牢在墙内木砖上；在木踢脚板的接头处，应锯成 45°角的斜口，上下各钻两个小孔，钉入圆钉，钉头要预先砸扁，冲入板面 2～3 mm。

(6) 清漆木地板。清漆木地板是在已打磨好的硬木地板上着色、罩清漆。

1) 基层处理。将木地板上面及板缝里的灰土清扫干净，用铲刀刮净油渍、污垢，然后过水，用砂纸打磨直至光洁、平整，再用湿布擦净；用与木地板颜色相近的腻子将木地板的拼缝、凹坑和裂缝填实、刮平；腻子干后，再用木砂纸打磨平滑，清除灰屑。

2) 刮批腻子。用大刮板在整个木地板面上满刮一遍较稀的油性腻子。刮批腻子时，可将腻子按刮批方向倒在地板面上，成一窄条，然后用刮板顺着木纹方向在地板上来回刮批。腻子干燥后，可用木砂纸将地面全部打磨一遍，并清除灰屑。如第一遍腻子刮批后不平整，可再用腻子补嵌之后再行刮批一遍。

3) 地板面着色。刷漆之前，应根据设计要求的颜色对木地板进行着色。

4) 涂刷清漆。待着色粉干燥后，即可涂刷清漆。涂刷清漆时，如果遇大块腻子疤，应该用油色或漆片加颜料预先进行修色。刷第一遍清漆与第二遍清漆的时间间隔应为 2～3 天。多人施工时，应注意互相配合，每人涂刷的厚薄应力求一致，尤其涂刷的接头处要刷平。涂刷完毕，将门窗关闭，以免灰尘沾污。

2. 实铺木地面

实铺木地面的施工工艺流程为：弹线抄平→修理预埋件→安装木龙骨、撑木→弹线、钉毛地板→找平、刨平→弹线、钉硬木地板→找平、刨平→弹线、钉踢脚板→刨光、打磨→油漆。

（1）弹线、抄平。在基层上，按设计规定的龙骨间距和基层预埋件，弹出龙骨位置线，如预埋件漏埋或偏差太大，应予以修整。

（2）安装木龙骨。实铺木地面的龙骨，直接安放在基层上。当预埋件为∩形铁鼻子时，应将龙骨刻槽，槽深不大于10 mm，用双股铁丝将龙骨绑在∩形铁鼻子上。在预埋件绑扎处的龙骨下设调平垫木，然后拉线或用长直尺调平龙骨的上表面。当龙骨的固定铁件为螺栓时，在螺栓处设调平垫木，固定好龙骨，拉水平线，用直尺调平龙骨上表面。当楞骨为双层龙骨时，待下层龙骨固定后，再用木螺钉将上层龙骨固定在下层龙骨上。

垫木应经过防腐处理，宽度应大于50 mm，长度应为龙骨底宽的1.5～2倍，将龙骨调平后，在其两侧斜钉入铁钉，将龙骨与垫木钉牢。

龙骨的接头，应采用平接头，在每个接头的两侧，用双面木夹板夹住，每侧用钉子钉牢。靠墙的龙骨端头，应距墙30 mm，以利于防潮、通风。

在铺钉龙骨时，应边钉边拉水平线或用长直尺抄平。个别不平处，如高差不大，可在龙骨上表面刨平。当铺钉完毕、检查水平度合格后，钉剪刀撑或横撑，中距为800 mm。为防止钉剪刀撑时引起木龙骨走动，可在木龙骨上临时钉木拉条。剪刀撑应低于木龙骨表面，以便铺钉面板。

当龙骨间有保温隔音层时，应清除杂物，填入经过干燥处理的松散保温隔音材料。保温隔音材料应低于龙骨上表面20～30 mm。

（3）铺贴木地板。实铺木地面的毛地板和面层板的铺钉与空铺木地板相同。

面层板的铺设可采用钉接或粘接两种方式。当采用粘接式铺贴时，木地板的板块可以从厂家采购，也可以用单块条形木地板对缝拼接。

拼花木地板的拼缝形式可采用裁口接缝或平头接缝。

拼花木地板面层应根据设计图案和尺寸弹线粘贴。其施工线的布置、弹线的方法与前面所提到的钉接式拼花木地板相同。施工线弹好后，按所弹的施工线试铺，检查其拼缝高低、平整度、对缝位置等情况，经反复调整符合要求后，进行编号。施工时，按编号从房间中间向四周铺贴。粘贴方法有沥青玛蹄脂粘贴法和胶黏剂粘贴法两种。

四、常见施工缺陷及预防措施

1. 行走时有响声

产生原因：木材未经过干燥处理，安装后收缩松动；木龙骨绑扎处松动；毛地板、面板钉子少且钉得不牢固；安装时自检不严格。

预防措施：企口榫应平铺，在板前钉扒钉，用楔块楔得缝隙一致再钉钉子；挑选合格的板材。

2. 表面不平

产生原因：基层不平，龙骨下垫木调得不平，地板条变形起拱。

预防措施：薄木地板的基层表面平整度应不大于 2 mm；预埋铁件绑扎处铁丝绞紧后或螺栓紧固后，其龙骨顶面应用仪器抄平，如不平，应用垫木调整；地板下的木龙骨上，每档应作通风小槽，以保持木材干燥；保温隔音层填料必须干燥，以防木材受潮而引起膨胀起拱。

3. 席纹地板不方正

产生原因：施工控制线方格不方正；铺钉时找方不严格。

预防措施：施工控制线弹完后，应复检方正度，必须使其达到合格标准，否则，应返工重新弹线；坚持每铺完一块都规方、拨正。

4. 地板戗茬

产生原因：刨地板机走速太慢，刨地板机吃刀太深。

预防措施：刨地板机走速应适中，不能太慢，转速应高于 5 000 r/min；刨地板机的吃刀不能太深，应吃刀浅一些，多刨几次。

5. 地板局部翘鼓

产生原因：地板受潮变形；毛地板拼缝太小或无缝隙；水管、气管滴漏，泡湿地板；阳台门口未采取防水措施或防水不力而导致进水。

预防措施：预制圆孔板孔内应无积水；龙骨上应刻通风槽；保温、隔音填料必须干燥；地板下应铺钉油纸隔潮；铺钉地板时，室内应干燥；毛地板拼缝应留 2~3 mm 缝隙；水管、气管试压时，地板面层刷油、打蜡应已完成；试压时，应有专人负责看管，防止出现滴漏；在阳台门口或其他外门口，应采取防水措施，严防雨水进入地板内。

6. 木踢脚板与地面不垂直、表面不平、接茬有高低

产生原因：木踢脚板翘曲；木砖埋设不牢或间距过大；木踢脚板不直，呈波浪形。

预防措施：木踢脚板靠墙一面应设变形槽，槽深 3~5 mm，槽宽不少于 10 mm；墙体预埋木砖间距应不大于 400 mm；如为加气混凝土块或轻质墙时，其木踢脚板部位应砌黏土砖，使木砖能嵌牢；钉木踢脚板前，木砖上应钉垫木，垫木应平整；钉木踢脚板时，应拉通线。

7. 木质纤维板地面空鼓

产生原因：粘贴不牢，未钉钉子，受纤维板伸缩变形的影响。

预防措施：选用胶黏剂，应先试粘，合格后方能使用；每块板四周边缘须用圆钉钉牢；硬质纤维板铺贴前，必须用清水浸泡 24 h 且晾干后才能使用；铺贴时，板的接缝应留有 1~2 mm 的缝隙；同一房间的板，其厚度应一致；找平层施工时，应做灰饼、标筋，用长刮尺刮平。

五、施工质量要求及检验方法

1. 木板的材质及其铺设时的含水率必须符合相关规定。

2. 木地面的木龙骨、毛地板和垫木等必须作防腐处理；木龙骨安装时必须牢固、平直，在混凝土基层上铺设木龙骨，其间距和固定方法必须符合设计要求。

3. 木地面的面层必须铺钉牢固、无松动，粘贴应牢固、无空鼓。

4. 木地面面层的质量要求及检验方法见表 4—1。

表 4—1　　木地面面层的质量要求及检验方法

项目	质量要求	检验方法
木地板面层表面质量	面层刨平磨光，无刨痕、戗茬和毛刺等现象，图案清晰，清油面层颜色均匀一致	观察、手摸和脚踩检查
木地板面层板间接缝的质量	缝隙严密，接头位置错开，表面洁净	观察检查
踢脚板的铺设	接缝严密，表面光滑，高度、出墙厚度一致	观察检查

◆装饰装修实例：

某学校计算机机房正在进行地面施工，通过对多种地面材料及其安装方式进行比较，最后决定铺装抗静电活动地板。因为活动地板具有质量轻、强度大、表面平整、尺寸稳定等特点，且有防火、防虫鼠侵害、耐腐蚀等性能。另外，活动地板与地面之间能形成 250~1 000 mm 架空空间，可以满足敷设纵横交错的电缆和各种管线的需要。现在我们就将铺装步骤及其要求向大家进行讲解。

活动地板又称装配式地板,是由可调支架、桁条及面板块等组合拼装而成。活动地板的构造如图4—11所示。

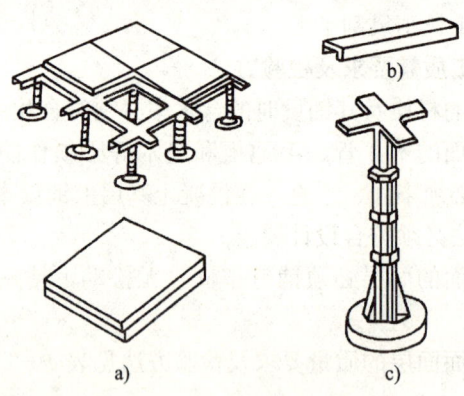

图4—11 活动地板的构造图
a) 面板块 b) 桁条 c) 可调支架

铺装前,检查地面是否平整、是否遗留杂物。铺装的地面一般为强度较高的水泥砂浆、混凝土或现制水磨石楼地面。确保室内其他装饰项目已经完成,检查墙面水平标高线已经弹好。下面介绍如何铺装活动地面。

1. 定位放线

根据地板尺寸和板块排布方式,在原地面上弹出定位线。其纵横方格的交叉点即为地板支架的平面位置点。再依据地板标高控制线找到支架顶部标高水平线和每排支架的顶部标准点,然后将其画在各个墙面上。在这些标准点上打钉拉线,以保证活动支架能够安装准确,达到地板架设水平的目的。

2. 固定支架

在地面定位线的十字交点处固定支架。在地面打孔埋入膨胀螺栓,用膨胀螺栓将支架固定于地面,并调整好垂直度。然后调整支架顶面高度，使其顶面与拉线在同一水平上，然后锁紧活动构造。

3. 安装桁条

用水平仪逐点抄平已安装的支架，并以水平尺校准各支架的托盘后，即可将地板支撑桁条架设于支架之间。桁条与支架的连接方式通常为螺钉固定。如图4—12所示。

4. 安装面板

在组装好桁条形成框架后，且地板面层下铺设的电缆、管线已经过检查验收，即可安放活动地板块。铺设活动地板面层要根据房间平面尺寸

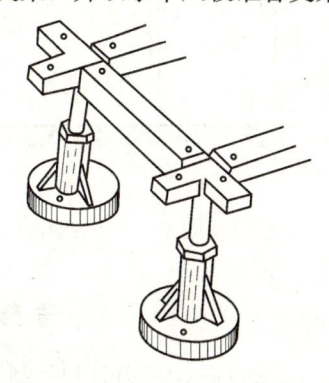

图4—12 螺钉固定桁条与支架

和设备等情况，按活动地板模数选择板块的铺设方向。当平面尺寸符合活动地板板块模数，而室内无控制柜设备时，应由里向外铺设；当平面尺寸不符合活动地板板块模数时，应由外向里铺设。当室内有控制柜设备且需要预留洞口时，铺设方向和先后顺序应综合考虑选定。铺设前，活动地板面层下铺设的电缆、管线已经过检查验收，并办完隐检手续。先在桁条上粘贴缓冲胶条，并用乳胶液与桁条黏合。铺设活动地板块时，应调整水平度，保证四角接触处平整、严密，不得采用加垫的方法。当活动地板块不符合模数时，不足部分可根据实际尺寸将板面切割后镶补，并配装相应的可调支撑的桁条。切割边采用铝型材镶嵌。在与墙边的接缝处，应根据接缝的宽窄分别采用活动地板或木条刷高强胶镶嵌，窄缝应采用泡沫塑料镶嵌。随后立即检查、调整板块水平度及缝隙。活动地板组装的构造节点如图4—13所示。

注意：活动地板块的安装或开启，应使用吸板器或橡胶皮碗，不应使用铁器硬撬。

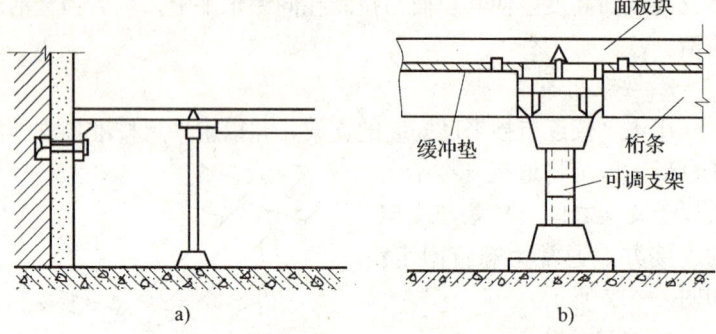

图 4—13 活动地板组成的构造节点示意图

考 核 要 点

1. 大理石、花岗岩和预制水磨石地面的施工技术
2. 碎拼大理石地面的施工技术
3. 陶瓷锦砖地面的施工技术
4. 木质地面的施工技术

第五单元　门窗装饰装修工程施工

门窗是装饰装修工程的重要组成部分。窗的主要作用是采光、传递、观察、通风、接受日照、供人眺望和装饰；门的作用是供人通行，通风、采光、防火、疏散和装饰。门窗都具有保温、隔热和隔声的作用，门窗还可以通过色彩、质感和线条来提高建筑的装饰效果和美化建筑。

模块一　木门窗的制作与安装

木门窗主要是由框和扇两部分组成。木门框有普通门框和包口框。门扇有实门和木玻璃门两类。门按构造和功能可分为夹板门、镶板门、隔声门、浮雕装饰门等。木门窗的开启方式常采用平开式和推拉式。下面以日常装修中经常采用的夹板门为例讲解其制作与安装的过程。

一、夹板门的基本做法

夹板门分框、扇两部分。门框可为普通木门框，在中高档装修中常用包口做法。门扇一般采用实木骨架，在两侧覆以胶合板面层制成门扇，也可采用俗称大芯板的两层细木工板粘和作为骨架，再制成门扇。木夹板门具有表面光滑平整、无明钉、不翘曲变形、不开裂、防水、防潮、防盗、保温、体轻和强度较高等特点，适用于高级宾馆、饭店、住宅及公用设施建筑的内门。如图5—1、图5—2所示。

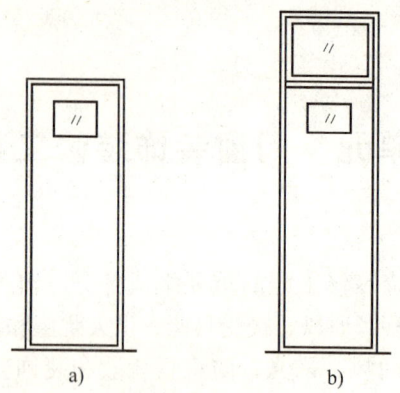

图 5—1 夹板门
a) 无亮窗 b) 有亮窗

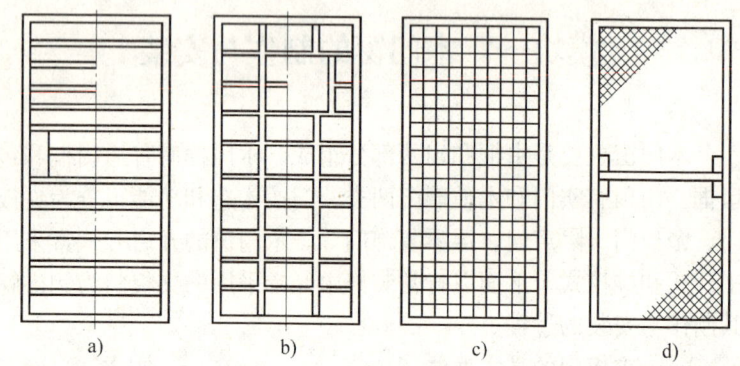

图 5—2 夹板门骨架形式
a) 横向骨架 b) 双向骨架 c) 密肋骨架 d) 蜂窝纸骨架

二、木夹板门施工前的准备工作

1. 施工机具

施工机具主要有电动锯、手锯、水平尺、角尺、锤子、斧子、电钻、墨斗、凿子、扁铲、粗刨、细刨、裁口刨、锯、锤、卷尺、木楔、旋具、线勒子、扁铲、圆凿、扁凿、方尺、线锤、水平尺、手电钻、墨斗、尼龙线、铅笔等。

2. 施工材料

施工材料主要选用材质轻软、纹理直、不易翘曲开裂、防水、干燥性能好、易于加工的木材。普通门窗常用针叶树种，如红松、鱼鳞云杉、臭冷杉、杉木等；高级门窗常用水曲柳、核桃楸、柏木、麻栎等材质致密的树种。其他材料还包括固定门框用的圆钉、木螺钉、木楔等配套小五金。

三、木夹板门的施工技术

1. 木夹板门制作

木夹板门制作的施工工艺流程为：配料→断料→刨料→画线→凿眼→开榫→组装→整修。

（1）配料、截料。配料前，应熟悉图样，了解门的构造、各部分尺寸、制作数量和质量要求。计算出各部件的尺寸和数量，列出配料单，按配料单进行配料。

配料时，对原材料要进行选择，有腐朽、斜裂、节疤的木料，应尽量避开不用；不干燥的木料不能使用。精打细算，长短搭配。先配长料，后配短料；先配框料，后配扇料。门框有顺弯时，其弯度一般超过 4 mm。扭弯者一律不得使用。

配料时，要合理确定加工余量，各部件的毛料尺寸要比净料尺寸加大些，具体加量可参考如下：

断面尺寸：单面刨光加大 1～1.5 mm，双面刨光加大 2～3 mm。机械加工时，单面刨光加大 3 mm，双面刨光加大 5 mm。

长度加工余量见表 5—1。

配料时，应注意木材的缺陷，榫眼和榫头应避开节疤的部位，防止凿劈或榫头断掉；起线也不能选节疤处。

在选配的木料上按毛料尺寸画出截断线、锯开线，考虑到锯解木料时的损耗，一般要留出 2～3 mm 的余量。锯切时，应保证锯线直、端面平、不跑线，以免造成浪费。

表 5—1　　　　　　　门框长度加工余量

构件名称	加工余量
门框冒头两端	按图样规格放长 20 mm
门框梃埋入地下时	按图样规格放长 60 mm
在楼层上的门框梃	按图样规格放长 20～30 mm
门扇的边梃	按图样规格放长 30～50 mm
中梃及冒头	按图样规格放长 10～20 mm

(2) 刨料。刨料前，应选择纹理清晰、无节疤和毛病较少的材面作为正面。对于框料，任选一个窄面为正面。对于扇料，任选一个宽面为正面。凡遇有允许限值以内的死节及直径较大的虫眼时，应采用同一材质的木塞加胶填补。

刨料时，应看清木料的纹路走向，顺着木纹刨削，以免戗槎。刨削中，必须用尺子测量尺寸是否满足设计要求，不要刨过量。对于弯曲的木料，应先刨凹面，把两头刨得基本平整后，再用大刨子整体刨平。对于扭曲的料，应先刨木料的高处，直到刨平为止。

正面刨平直以后，要打上记号，再刨垂直的一面，两个面的夹角必须是 90°，刨料时，要随时用角尺测量。达到要求后，以这两个面为准，用勒子在料上画出所需要的厚度线和宽度线。整根料刨好后，这两条线也不能刨掉。

检查刨平质量的方法是：取两根木料叠在一起，用手随便按动上面木料的一个角，如果这根木料丝毫不动，即证明这根料已经刨平。检查木料尺寸是否符合要求的方法是：如果每根料的厚度都是 40 mm，取 10 根料叠在一起，量得尺寸应是（400±4）mm，其宽度方向两边都不突出。

门框料靠墙的一面可以不刨光，但要刨出两道灰线槽，以保证安装后塞缝砂浆牢固。扇料必须四面刨光，画线时才能准确。木料刨面不得有刨痕、戗槎及毛刺。毛料刨好后，应按框、扇分别存放，上下对齐，放料的场地要求平整、坚实。

(3) 画线。在已刨好的木料上根据构造要求画出榫、眼线。孔眼的位置应在木料的中间，宽度应不超过木料厚度的 1/3，由凿子的宽度确定；榫头的厚度由榫眼的宽度确定，其半榫的长度应为木料宽度的 1/2。对于成批的木料，应先选出两根刨好的木料，大面相对叠放一起，画上榫、眼的位置。画线经检查准确无误时，即可以这两根料为样板成批画线，而且要求画线准确、清晰、齐全。画线时所用角尺、竹笔或勒子等，均需靠在画过或写过标记的木料正面上。门框和厚度大于 50 mm 的门扇应用双榫连接，榫眼和榫头必须吻合。

(4) 凿眼。榫眼可采用机械打孔或手工凿眼。作业时，要选择与榫眼的宽度相等的刀钻或凿子。凿榫眼的凿刃要锋利，刃口必须齐平。先凿透眼，后凿半眼。凿透眼时，先凿背面，凿到 1/2 眼深后，把木料翻过来凿正面，以避免把木料凿劈裂。另外，眼的正面边线应凿去半条线，留下半条线，榫头开榫时也应留下半条线，使榫、眼合起来为一条整线，这样的榫、眼结合才紧密。榫眼的背面按线凿，不留线，使眼比正面略宽，这样的榫眼装榫头时，可避免挤裂眼口四周。

凿好的榫眼，要求方正，两边应平直，中间不凹陷。榫眼内应清洁，不留木渣。

(5) 开榫。开榫时，先沿纵向线锯至榫根部，再将锯立起来截掉多余部分而形成榫头。开榫时，需留半条线。开半榫时，其长度应为木料宽度的 1/2，比半眼深度短 1~2 mm，以备榫头受潮时伸长。再把榫头两侧的多余部分断掉而完成榫头形式。透榫锯好后插入榫眼，以松紧适度为宜。锯好的半榫应比半眼稍大，组装时，四面倒角抹胶后打入半眼可保持连接牢固。开成的榫头要求方正、平直，组装时不伤榫眼。在加楔处锯出楔子口。

钻通气孔：门扇组框骨架的横肋木及上、下梃和镶边木条各钻不少于两个直径为 4~9 mm 的孔眼，以促使内部空气流通，保证门扇内部干燥，防止受潮、脱胶和起鼓。

(6) 倒角、裁口。在门框上需做倒角和裁口。倒角主要是起装饰作用，裁口是对门扇在关闭时起限位和封缝的作用。倒角要平直，宽度要均匀，裁口要求方正、平直，不能有戗茬起毛、凹凸不平的现象。另外，也可以不在门框上做裁口，而是在相应位置粘钉同种材料的木条而形成裁口。

(7) 组装、整修

1) 组装。框、扇应置于表面平整和坚实的平台上组装、调整。校正后，用涂胶的楔子楔紧，每个榫眼至少2个，以保证坚固、方正、平整。骨架边框和横楞应在同一平面上。门框校正规方，并在梃脚锯好安装标高线后，上部钉八字拉条固定，下部钉水平拉条，防止搬运和安装中发生变形。

2) 黏合夹板。门扇骨架与夹板面层应为加胶压合。胶料宜用脲醛胶或酚醛胶。胶料干燥时间应通过试验确定。若胶料干燥时间过长，会影响下道工序；若胶料干燥时间过短，则表现为性脆且操作困难。一般干燥时间应控制在24 h左右，但最短不少于4 h。胶液要涂抹均匀、不漏底。

3) 冷压、镶边。门扇常用带丝杠的设备成批压合。压力大小以夹板四周均匀冒出胶液为适度。约20 h后可松丝杠；约24 h后，经复核尺寸，再弹线、刨边、粘钉镶边木条。

4) 整修。对脱胶、空鼓、不平等处应进行修整。修整时，不得刨透表层单板，不得有戗茬。门扇夹板表面应在砂光机上砂光，且刷一遍防潮干性底油。门框组装后，应在其与砌体或混凝土接触面上满涂防腐油或煤焦油。

5) 验收。每加工一批门框、门扇，须先制出样品，经质检合格后，再成批生产。每樘门制作完工后，经质检合格，按图编号，加盖印章。

2. 木夹板门安装

木夹板门框安装的施工工艺流程为：安装门框→弹定位线→

就位→木楔临时固定→校正→固定→保护。

木夹板门扇安装的施工工艺流程为：弹线→刨修→试装→剔槽装合叶→安扇→调整→安装五金。

(1) 安装门框

1) 安装前对照楼层图样，检查所安装门的型号、规格、质量是否合乎要求，若不符合，则预先整修或更换。

2) 弹门框定位线。根据设计要求的平面位置（平里口或居中）在洞口内三个侧面弹出门框安装定位线。依墙面+50 cm 的水平基准线，往下量取楼地面标高线在洞口两侧做标记。

3) 就位、固定。按图示开启方向将门框放入洞口，按线就位、吊正、找直、找平，调整门框与墙面抹灰标筋面顺平，框子立梃锯口线（即门框标高线）与标记齐平，随即木楔临时固定框子。复校无误后，用圆钉（砸扁钉帽）、双钉将门框钉牢于木砖上。门框上不得有锤印。

4) 保护。门框安装后，在距地面 1.2 m 的高度的范围内钉木板或铁皮，保护门框不受损坏。

(2) 安装门扇

1) 弹线、刨修。安装前，先量好门框的高低、宽窄尺寸，然后在相应的门扇边缘弹出高低、宽窄的墨线（注意两边梃宽度或四周封边条厚度应一致，门扇与地面缝隙应满足设计或规范要求）。双扇门应打叠（自由门除外），先在中间缝处弹出中线，再出弹边线，并保持梃宽一致，上、下冒头处要画线刨直。用粗刨刨去线外部分，再用细刨刨至光滑、平直，使其合乎设计和质量验收规范要求。

2) 安装。将门扇放入框中试装合格后，按扇高的 1/8～1/10，在框、扇上画出合叶线，并剔出合叶槽，槽深一定要与合叶厚度相适应，槽底要平。先安装扇上合叶，门扇装入框中吻合后，再拧紧框上木螺钉。每片合叶应先拧一个木螺钉，检查合格后，再拧紧全部木螺钉。

3)调整。每安装一扇门都需应反复开关检验,以保证其轻便灵活、无阻滞和自走现象。框扇应平整,缝隙不超过偏差。

4)安装小五金。安装合叶、插销、L铁、T铁等小五金时,先用锤将木螺钉打入长度1/3,然后用旋具将木螺钉拧紧、拧平,不得歪扭、倾斜。对硬木门框、扇,可先钻孔径为木螺钉直径的0.8倍、眼深为木螺钉长度的2/3的孔眼,再拧入,严禁打入。门锁应装在锁木(或梃)上,高度距地面900~1 000 mm,凿眼不得伤榫。门拉手应里外一致,距地面950~1 050 mm。双扇门的上、下插销应装在梃宽的中间,如采用暗插销,则应在外梃上剔槽安装。凡小五金能预装的,应预先装配好。

5)门扇安装完毕且自检合格后,应在扇底楔入木楔,由专人保管,以防损坏。

6)钉门贴脸。门框与墙体缝隙中应填入沥青、麻丝,双面用水泥石灰砂浆嵌填、抹平,弹线钉贴脸。

四、木门窗的施工质量要求

木门窗施工质量要求见表5—2。

表5—2 木门窗安装的留缝限值、允许偏差和检验方法

项次	项目	留缝限值(mm)		允许偏差(mm)		检验方法
		普通	高级	普通	高级	
1	门窗槽口对角线长度差	—	—	3	2	用钢尺检查
2	门窗框的下、侧面垂直度			2	1	用1 m垂直检测尺检查
3	框与扇、扇与扇接缝高低差			2	1	用钢直尺和塞尺检查
4	门窗扇对口缝	1~2.5	1.5~2	—	—	用塞尺检查
5	工业厂房双扇大门对口缝	2~5	—	—	—	

续表

项次	项目		留缝限值 (mm)		允许偏差 (mm)		检验方法
			普通	高级	普通	高级	
6	门窗扇与上框间留缝		1~2	1~1.5	—	—	用塞尺检查
7	门窗扇与侧框间留缝		1~2.5	1~1.5	—	—	
8	窗扇与下框间留缝		2~3	2~2.5	—	—	
9	门扇与下框间留缝		3~5	3~4	—	—	
10	双层门窗内外框间距		—	—	4	3	用钢尺检查
11	无下框时门扇与地面间留缝	外门	4~7	5~6	—	—	用塞尺检查
		内门	5~8	6~7	—	—	
		卫生间门	8~12	8~10	—	—	
		厂房大门	10~20	—	—	—	

注：表中除给出允许偏差外，对留缝尺寸等还给出了尺寸限值。考虑到所给尺寸限值是一个范围，故不再给出允许偏差。

模块二　铝合金门窗施工

一、铝合金门窗的特点和分类

铝合金门窗自重轻、强度高、刚度大、耐腐蚀、密闭性能好、易于实现工业化生产，此外，铝合金外观简洁、装饰性强、便于维护保养。

铝合金门窗按开启形式可分为：推拉式门窗、平开式门窗、旋转门窗、固定门窗、百叶窗等。

二、铝合金门窗施工前的准备工作

1. 施工工具

施工工具主要有型材切割机、台钻、冲击钻、射钉枪、扳手、半步扳手、玻璃吸手、曲线锯、手电锯、打胶筒、锤子、水平尺、卷尺、线锤、木楔。

2. 材料

施工材料主要有铝合金型材、玻璃、螺钉、铝制拉铆钉、橡胶条、橡胶垫块、连接铁件、玻璃棉毡条或矿棉、密封胶、尼龙毛条、滑轮及其他五金配件。

三、铝合金门窗的施工技能

1. 铝合金门窗的组装

铝合金门窗的组装工艺流程为：配料、下料→开榫槽→钻孔→组装→保护。

(1) 配料、下料。配料时，应充分考虑料型、壁厚、色彩等因素，以保证足够的强度、刚度和装饰性。每一种铝合金型材都有其特点和使用部位，确定材料和使用部位后，按设计尺寸下料。

(2) 开榫槽。门窗框（扇）直角对接时横料切成榫头，竖料开槽，榫头的长度一般不超过 20 mm，开槽的长度和榫头宽度相配合，槽宽应等于榫头的壁厚加上 0.1 mm。如图 5—3 所示。45°斜角对接不是开榫槽，而是将横、竖料两端切成 45°斜面。所有尺寸误差均不应大于 0.1 mm。

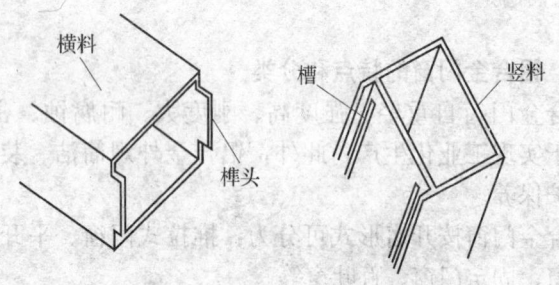

图 5—3 直角对接示意图

(3) 钻孔。门窗的组装多采用螺钉连接,无论是框架的组装,还是配件的固定,都需要钻孔。钻孔一般用台钻和手枪式电钻。台钻体积比较小,搬运比较方便,适合批量加工。台钻有工作台,可以利用模具,从而保证了钻孔时的安全和钻孔的精度。手枪式电钻具有携带方便、操作灵活等特点,使用比较普遍。

在插接件位置上钻紧固件的螺纹孔,孔的直径要稍小于螺钉的直径。安装拉锁、圆锁的较大孔洞,现场往往是先钻孔,再用手锯锯割,最后用锉刀锉掉毛刺,修平飞边。钻孔的位置要准确,不能在型材表面反复更改,因为孔一旦形成便难以修复。

(4) 组装。安装角铝连接件时,应先在竖料内侧两端用拉铆钉固定角铝的一边,位置必须准确。45°斜角对接时,角铝应固定在竖料外侧的空腔壁内(如图5—4所示)。将两横料与一边竖料相接,再与另一边竖料插接,校正好尺寸与角度,用卡具卡紧,在上、下横料外侧钻孔,用拉铆钉与内插角铝紧固。其四角的紧固程度要求应达到规定。门窗组装完毕后,在型材槽内放入橡胶垫块,将玻璃嵌入型材槽内,用玻璃压条扣紧,压入橡胶密封条,搭接处扣毛条,拼缝处注入密封胶。

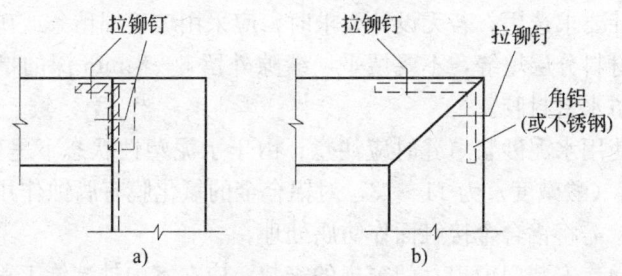

图5—4 铝合金门窗四角的连接
a) 直角对接　b) 45°角对接

(5) 保护。门窗组装完毕后,用塑料胶纸将所有的型材表面包起来,也可以用厚一些的塑料薄膜将型材外包,以防止型材表面受损。如果需要运输或托运,还应对门窗进行包装。

2. 铝合金门窗安装

铝合金门窗的安装工艺流程为：放线→安框→塞缝→安装门窗扇→安装玻璃→清理。

(1) 放线。按设计要求在门窗洞口弹出门窗框的位置线。门窗框与建筑结构之间应留有 20~40 mm 的间隙，实际大小因饰面材料而定。同一立面的门窗在水平和垂直方向应做到整齐一致；还要注意室内地面的标高，地弹簧的表面应与室内地面标高一致。

(2) 安框。安装门窗时，通常采用"柔性连接"，以避免建筑物变形时将门窗损坏。安装时，先将门窗框临时用木楔固定，待检查立面垂直、左右间隙、上下位置符合要求后，再把镀锌铁板一端固定在建筑结构上。镀锌铁板是铝合金门窗固定的连接件。它的一端固定在门窗框的外侧，另一端固定在密实的基层上，门窗框固定可采用焊接、膨胀螺栓、射钉等方式，但砖墙严禁用射钉固定。

(3) 填缝。填缝是填充门窗框四周与基层之间的间隙，填缝前，应将墙体基层清扫干净，洒水湿润。填充材料和填充方法应按设计要求选用。若无设计要求时，应采用玻璃棉毡条或矿棉等软质材料分层填缝，不要填平，缝隙外留 5~8 mm 深的槽口来填嵌防水密封胶。

使用水泥砂浆填缝时应注意：由于水泥塑性状态下呈碱性，pH 值（酸碱度）为 11~13，对铝合金的氧化膜有腐蚀作用，填缝前，需将铝合金接触面作防腐处理。

(4) 安装门窗扇。门窗扇的安装，应在室内外装饰工程基本完成后进行。装扇必须保证框、扇立面在同一平面内，就位准确，启闭灵活。平开窗扇安装前，应先把合叶按要求位置固定在门窗框上，然后将门窗嵌入框内临时固定，调整合适后，再将门窗扇固定在合叶上，必须保证上、下两个转动部分在同一轴线上。考虑到门扇较重，安装后会稍有下沉，通常门扇安装前应略抬高一些。地弹簧门扇安装，应可向内、外自由地开闭。

（5）安装玻璃。安装玻璃的工序包括玻璃裁割、就位、密封与固定。

玻璃边缘与型材槽底有一定的距离，一般垫有橡胶块。玻璃的裁割应考虑到这个情况，然后根据门窗扇的内口实际尺寸下料。

将玻璃放在型材凹槽的中间，应立即固定。具体办法有三种：一是用橡胶条挤紧，然后在胶条上注入密封胶；二是用橡胶块将玻璃挤住，然后在间隙内注入密封胶；三是用橡胶条封缝。

（6）清理。铝合金门窗交工前，将型材表面的塑料胶纸撕下，如发现型材表面有胶黏剂，应用香蕉水清洗干净。同时，对玻璃进行擦拭，将灰尘或污物清除干净。

四、常见的施工缺陷及预防措施

1. 门窗开启不灵活

产生原因：主要是在存放或安装过程中，由于搬运、碰撞或不均匀受力，造成框、扇变形或轨道弯曲；平开窗合叶松动，滑槽变形，滑块脱落；轨道内的垃圾未清除干净，滑轮前进不畅。

预防措施：将变形的轨道拆下，不能修理的应进行更换；对于合叶、滑槽变形及滑块脱落，大部分可以修复，个别的可以更换；清除轨道内的垃圾。

2. 门窗安装不规矩、不端正

产生原因：门窗在运输和储存过程中，因挤压和碰撞导致变形；安装时，没有检查门窗框的垂直度和平整度。

预防措施：门窗在运输和储存过程中应采取保护措施，避免产生变形；安装时，应检查门窗框是否规矩、方正，不符合要求的应进行调整。

3. 推拉窗渗水

产生原因：外窗台泛水坡度不够，横框与竖框的缝隙处、窗框与墙体的间隙密封不好；没有排水孔，或排水孔堵塞。

预防措施：窗的下框与洞口间隙的大小应根据不同饰面材料

留设,一般间隙应不小于 50 mm,使窗台能有泛水的坡度。窗框与墙体的间隙要嵌缝密实,横框与竖框的缝隙处要用防水密封胶密封。在封边和轨道根部钻直径为 2 mm 的排水孔,间距为 1 m 左右,以便及时排出轨道内的积水。对于推拉窗,还应注意清理轨道内的异物,防止堵塞排水孔。

4. 门窗表面有污迹

产生原因:门窗未贴保护纸或保护纸被过早撕掉,溅上的水泥或胶痕未及时清理干净。

预防措施:门窗框在安装前,只撕掉靠墙一面的胶纸,而保留其他部位的胶纸,直到室内外施工完毕;塞口时,溅上的水泥浆或胶痕要用软布及时擦干净。

五、铝合金门窗的施工质量要求及检验方法

1. 铝合金门窗的质量要求和检验方法(见表 5—3)

表 5—3　　　铝合金门窗的质量要求和检验方法

项次	项目	质量等级	质量要求	检验方法
1	平开门窗扇	合格	关闭严密,间隙基本均匀,开关灵活	观察和开闭检查
		优良	关闭严密,间隙均匀,开关灵活	
2	推拉门窗扇	合格	关闭严密,间隙基本均匀,扇与框的搭接量不小于设计要求的 80%	观察和用深度尺检查
		优良	关闭严密,间隙均匀,扇与框搭接量符合设计要求	
3	弹簧门扇	合格	自动定位准确,开启角度 $90°±3°$,关闭时间 3~15 s	用秒表和角度尺检查
		优良	自动定位准确,开启角度 $90°±1.5°$,关闭时间 6~10 s	

续表

项次	项目	质量等级	质量要求	检验方法
4	门窗附件安装	合格	附件齐全，安装牢固，灵活适用，达到各自的功能，端正美观	观察、手扳和尺量检查
		优良	附件齐全，安装位置正确、牢固，灵活适用，达到各自的功能，端正美观	
5	门窗框与墙体间的缝隙	合格	填嵌基本饱满密实，表面平整，填塞材料和方法基本符合设计要求	观察检查
		优良	填嵌基本饱满密实，表面平整、光滑、无裂缝，填塞材料和方法符合设计要求	
6	门窗外观	合格	表面洁净，无明显划痕、碰伤，基本无锈蚀；涂漆表面基本光滑，无气孔	观察检查
		优良	表面洁净，无划痕、碰伤、锈蚀；涂漆表面光滑、平整，厚度均匀，无气孔	
7	密封质量	合格	关闭后各配合处无明显缝隙，不透气、透光	观察检查
		优良	关闭后各配合处无缝隙，不透气、透光	

2. 铝合金门窗安装的允许偏差和检验方法（见表5—4）

表 5—4　　铝合金门窗安装的允许偏差和体验方法

项次	项目		允许偏差（mm）	检验方法
1	门窗槽口宽度、高度	≤1 500 mm	1.5	用钢尺检查
		>1 500 mm	2	
2	门窗槽口对角线长度差	≤2 000 mm	3	用钢尺检查
		>2 000 mm	4	
3	门窗框的正、侧面垂直度		2.5	用垂直检测尺检查
4	门窗横框的水平度		2	用1 m水平尺和塞尺检查
5	门窗横框标高		5	用钢尺检查
6	门窗竖向偏离中心		5	用钢尺检查
7	双层门窗内外框间距		4	用钢尺检查
8	推拉门窗扇与框搭接量		1.5	用钢直尺检查

模块三　塑料门窗施工

一、塑料门窗的性能

塑料门窗是以聚氯乙烯（PVC）树脂为基料，加上一定比例的稳定剂、改性剂、填充剂、紫外线吸收剂等，机械加工制成各种截面的异型材，并在其空腔中设置衬钢，以提高门窗骨架的整体刚度，所以又称为塑钢门窗。

塑料门窗隔热、隔音、密闭性能好、耐腐蚀、耐候性强、自重轻、力学性能好，此外，还有造型美观、线条挺拔、表面光洁细腻、不用涂饰油漆、装饰效果好等特点。

二、塑料门窗安装施工前的准备工作

1. 施工工具

施工工具主要有型材切割机、焊接设备、冲击钻、锤子、旋具、水平尺、卷尺、线坠、木楔。

2. 施工材料

施工材料主要有塑料门窗型材、五金配件、橡胶或塑料密封条、膨胀螺栓、镀锌固定件、镀锌连接件、密封胶。

三、塑料门窗的施工技能

塑料门窗的安装工艺流程为：塑料门窗门窗洞口的检查→门窗框的安装→嵌缝→安装五金件和门窗扇。

1. 门窗洞口的检查

检查门窗洞口是否符合窗框安装后与墙体之间的间隙为 10~20 mm 的要求，不符合要求的应进行处理。

在门窗洞口清理内皮的表面浮灰，对凹凸不平的表面进行处理，不同的墙面采用不同的处理方法。如混凝土墙体蜂窝麻面，应剔除凸出的部分，较大凹陷处应用水泥砂浆填平；清水墙应将露出的灰缝补齐；混水墙应在洞口内表面抹一层粗水泥砂浆，以调整表面尺寸和垂直度。

2. 门窗框的安装

门窗框安装的方法采用塞口方式。在塞口安装的过程中又可以分为门窗整体式安装和门窗分体式安装。由于塑料门窗是机械化生产，组装的精度很高，所以塑料门窗采用框扇分离式塞口安装。

门窗框就位。首先标出洞口的中线和门窗的中线，注意门框上下边及内外朝向，门窗扇应在室内侧，排水孔应在窗框室外侧下方。将门窗框嵌入洞口，按设计要求及实际情况确定是在墙中，还是偏内或偏外，一般应采用墙中就位。

门窗框的固定。把门窗窗框或副框放进洞口的安装线上就位，用对拔木楔临时固定。校正其正、侧面垂直度、对角线和水平度后，将木楔固定牢靠。门窗框就位后，用自攻螺钉将固定铁件与窗框固定，然后通过固定铁件与墙体固定。不同的墙体应使用不同的固定方式和固定措施。如图 5—5 所示。

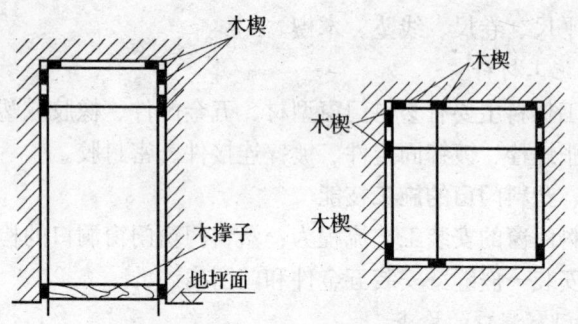

图 5—5　塑料门窗临时安装固定点示意图

框上装连接铁件。连接铁件应采用 1.5 mm 厚、宽度不小于 15 mm 的镀锌钢板。连接铁件及固定点的位置应距门窗角、中横框、中竖框 150～200 mm，中间固定点间距不大于 600 mm。安装时，应先在门窗框或副框上用钻头钻孔，拧入自攻螺钉将连接件固定。严禁用锤击打入，以防损坏。如图 5—6 所示。

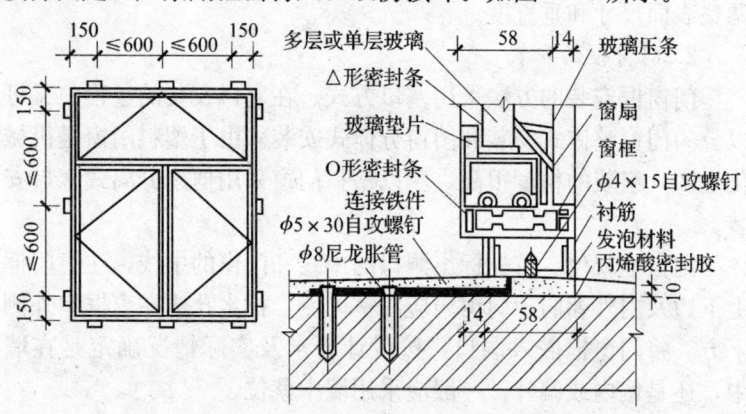

图 5—6　塑料门窗窗底、顶框与洞口墙体用胀管螺钉固定示意图

砖墙洞口应采用沉头螺钉将固定铁件固定在墙体预埋的木砖上，如没有预埋木砖，可将固定铁件用胀管螺栓直接固定在墙体上，但不能固定在砖缝上。

混凝土墙洞口应采用射钉或膨胀螺栓固定连接件；砖墙洞口应采用塑料胀管螺钉或水泥钉固定，一个连接件不应少于两只螺钉，且应避开砖缝。如洞口是预埋木砖，则应用两只木螺钉将连接件紧固在木砖上。无论用何种固定方法，固定点距结构边缘均不得小于 50 mm。如图 5—7 所示。

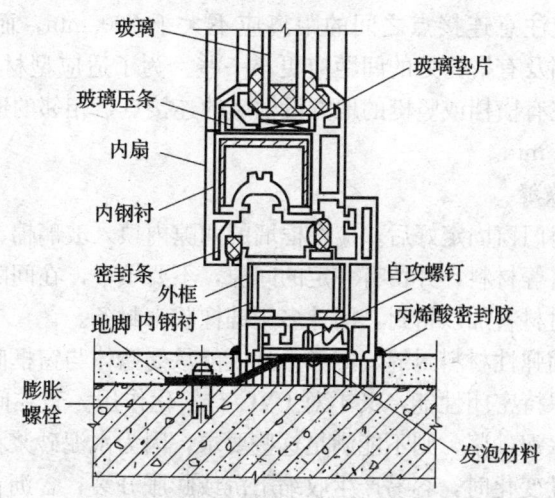

图 5—7 塑料门窗用膨胀螺栓固定节点示意图

加气混凝土、空心砖或其他轻质墙体洞口，一般强度较弱，应采取预埋木块、混凝土块或将固定铁件放入洞内，用细石混凝土将孔隙填满、填实。不应采用胀管螺栓直接和墙体固定。

塑料型材是中空多腔断面，连接铁件的螺钉必须穿过两层中空室壁或衬加的增强型材。不能将螺钉直接锤入，应先在型材上钻孔，孔的直径应比自攻螺钉直径小 0.5～1 mm，然后将自攻螺钉拧入。

连接点的位置。确定门窗与墙体之间连接点的位置与数量，应从力的传递和变形来考虑。连接点的位置应能使窗扇通过铰链作用于门窗框的力，尽量直接传递到墙体上去。目前采用的是离散的固定方法,因此,必须要有足够的固定点,以防止门窗在温度、应力、风压或静载荷的作用下产生变形。连接点的位置和数量还应适应 PVC 变形较大的特点,以保证塑料门窗与墙体之间微小的位移不会影响到窗户的性能及连接点本身。

具体布置连接点时,首先应保证在与铰链水平的位置上设连接点。应注意连接点之间的距离应不大于 700 mm,而且在转角、直档及有搭钩处的间距应更小一些。为了适应型材的膨胀,一般不在有横档或竖梃的地方设框墙的连接点,相邻的连接点应间距 150 mm。

3. 嵌缝

塑料门窗固定好后,应在框墙的间隙内填入玻璃棉、矿棉或泡沫塑料等材料,并留有一定的间隙,不要填平,在间隙外,用弹性密封材料加以密封,国外多用硅橡胶密封条。

选用弹性材料封缝,应考虑到既能承受墙体与窗框间的相对运动而保持密闭性能,又不对 PVC 有软化作用。若在间隙中全部填充水泥砂浆,则不能满足这些要求,因为水泥砂浆在承受荷载或温度变化时,容易产生收缩下沉或膨胀开裂;含沥青软性材料也不能使用,因为沥青对 PVC 有腐蚀性。

保温、隔音窗的室内侧洞口周边抹灰至窗框;室外侧抹灰时,应采用片材将抹灰层与窗框临时隔开,其厚度应为 5 mm,抹灰面应超出窗框,其厚度以不影响窗扇的开启为限。待外抹灰层硬化后,应撤去片材,并将嵌缝膏挤入抹灰层与窗框缝隙内。保温、隔音等级要求较高的工程,洞口内侧与窗框之间也应采用嵌缝膏密封。如图 5—8 所示。

4. 安装五金件和门窗扇

平开窗先装铰链,后装滑撑、插销和拉手等五金配件;推拉窗嵌入滑槽轨道内,再安装固定的销子。门锁与拉手的安装应牢固可靠、位置准确、开关灵活。

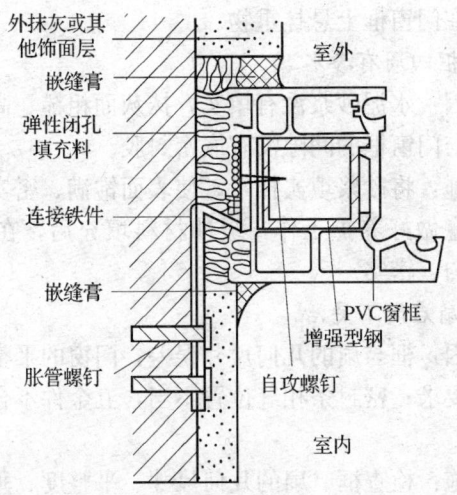

图 5—8　嵌缝处理示意图

四、常见的施工缺陷及预防措施

1. 门窗框松动

产生原因：采取的固定方式或固定方法不当。

预防措施：加气混凝土、空心砖或其他轻质墙体，不能用胀管螺栓直接和墙体固定，一般在砌墙时预埋木砖或混凝土砖，镀锌铁件应与预埋木砖或混凝土砖连接牢固，也可在砌墙时预留孔洞，将铁件放入洞内，用细石混凝土填满。

2. 门窗框安装后变形

产生原因：固定连接的位置不合适，连接螺钉被直接锤入门窗框内；不了解塑料门窗的特性，边框周围间隙没有填充弹性材料，完全以水泥填充；嵌缝材料塞得过紧；门窗框受外力作用。

预防措施：调整固定连接件的位置，用电钻在门窗框上钻孔，然后拧进自攻螺钉；填充嵌缝材料要选择软质材料，如塑料泡沫、矿棉、岩棉等；填充要适度，避免过紧或过松；安装门窗框前，应检查其是否变形，安装门窗框后，禁止将脚手板放置在门窗框上或在门窗框上悬挂重物。

3. 门窗框四周有渗水

产生原因：水泥砂浆没有填实，抹灰面粗糙、高低不平、有裂缝；洞口与门窗框的间隙没有嵌密封胶。

预防措施：将砂浆填实抹平，使表面饱满、密实、平整、无裂缝，并注意做好养护工作；缓冲材料填充后，在外面嵌密封胶，要求均匀、密实。

4. 门窗扇启闭不灵活

产生原因：框与扇的几何尺寸误差，门窗的平整度和垂直度不符合设计要求；密封条扣缝位置不当，五金件不合格或安装不当。

预防措施：检查框、扇的几何尺寸、平整度、垂直度是否符合设计要求，不符合要求的应予以调整。正确安装密封条，五金件不合格的应予以更换，安装位置不准确的应予以调整，直到门窗开关灵活。

五、塑料门窗的施工质量要求

1. 门窗及其五金配件必须符合设计要求和有关标准规定。
2. 门窗安装的位置、开启方向必须符合设计要求。
3. 门窗安装必须牢固，预埋件的数量、位置、连接方法必须符合设计要求。
4. 门窗与墙体之间的缝隙应嵌填饱满密实，表面应光滑平整，填塞材料和填塞方法应符合设计要求。
5. 门窗外表面应洁净，无明显划痕、碰伤，表面应基本平整、光滑、无气孔。
6. 门窗安装的允许偏差和检验方法见表5—5。

◆装饰装修实例：

某单位会议室进行装修改建，将原夹板门换为隔声门，下面分两部分介绍隔声门的制作与安装。

(1) 制作部分（此部分通常由专业加工厂家来完成，现在简

表 5—5　　塑料门窗安装的允许偏差和检验方法

项次	项目		允许偏差（mm）	检验方法
1	门窗槽口宽度、高度	≤1 500 mm	2	用钢尺检查
		>1 500 mm	3	
2	门窗槽口对角线长度差	≤2 000 mm	3	用钢尺检查
		>2 000 mm	5	
3	门窗框的正、侧面垂直度		3	用 1 m 垂直检测尺检查
4	门窗横框的水平度		3	用 1 m 水平尺和塞尺检查
5	门窗横框标高		5	用钢尺检查
6	门窗竖向偏离中心		5	用钢直尺检查
7	双层门窗内外框间距		4	用钢尺检查
8	同樘平开门窗相邻扇高度差		2	用钢尺检查
9	平开门窗铰链部位配合间隙		+2；-1	用塞尺检查
10	推拉门窗扇与框搭接量		+1.5；-2.5	用钢尺检查
11	推拉门窗扇与竖框平等度		2	用 1 m 水平尺和塞尺检查

单讲解几点制作要点）

隔声门是采用组框式骨架，在空腔内满填矿棉、胶合板，并在木板上铺聚氯乙烯泡沫塑料，面层覆以人造革，用泡钉钉牢，用木条压边而成，门扇周边缝隙用海绵橡胶和橡皮条密封，因而该门具有较好的隔声性能。如图 5—9 所示。

1）门框边框高度应按安装高度尺寸加长 40 mm，作为埋入地面的深度尺寸。当框厚度大于 60 mm 时，应钉连接铁脚，中距 600～700 mm。

2）门框裁口、扇与扇搭接缝的裁口起线时，均应按图示尺寸剔出海绵橡胶条的槽口；在门扇下梃底的截面中间，剔出钉橡皮条的槽口。

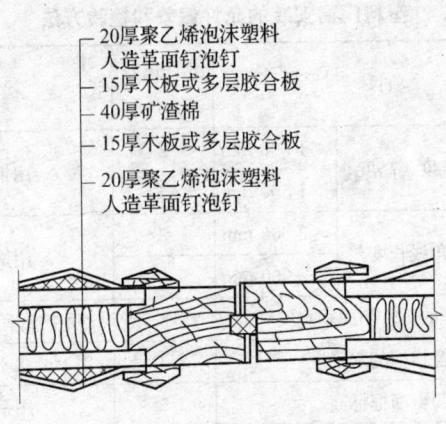

图 5—9 隔声门层面示意图

3) 框、扇骨架经质检符合要求后,胶钉第一面木板,并将空腔内部所有缝隙用腻子封严。然后将矿渣棉铺设于空腔内,应注意边角处也要均匀填满。检查无误后胶钉第二面木板,并刮腻子封缝。

4) 在门板面铺设 20 mm 厚的聚氯乙烯泡沫塑料,表面盖人造革。四边绷紧后临时钉固,然后弹分档交叉斜线,用双层人造革条按线压在门扇表面,并用泡钉钉牢。最后,四周圈钉木压条,压住泡沫塑料和人造革茬头。铺钉过程中,务必保证革面绷平、压合紧密。以同样的方法铺钉另一面。

5) 框、扇加工过程中,各道工序应经专业质检员检验合格后,方可进行下道工序。

6) 门扇成品必须用塑料薄膜包扎,以免搬运、安装时污损。

(2) 安装部分(此部分由施工人员完成,其方法与夹板门的安装方法相同,但应注意以下几点)

1) 隔声门必须安装在不小于 240 mm 厚的实体墙上,若为黏土砖墙,其砌筑砂浆的饱满度必须大于 95%,且墙体两面均需抹灰。

2）门框采用铁脚与墙体连接时，应反复校正框口尺寸，合格后，伸入墙体的铁脚须用细石混凝土浇筑，经浇水养护至其强度等级达到规定要求后，方可安装门扇。

3）框、扇缝隙应符合设计和规范规定。双扇隔声门的两扇之间应留 2 mm 宽缝隙。搭头处，木材与木材不得直接接触，而应将海绵橡皮条挤紧。安装时，应准确量尺，弹出边缘修刨线后精心修刨，直至试装合格。

4）由于门扇较重，每扇门应装三个合叶，合叶的长度为 150 mm。

5）框、扇上的海绵橡胶条，应采用环氧树脂胶黏剂粘接。海绵橡皮条的截面尺寸应比凹槽宽度大 1 mm，表面突出凹槽 2 mm，使其能密封缝隙。

6）门扇底部与地面间应留出 5 mm 的缝隙，将 3 mm 厚的橡胶条用木条压钉在门扇的下部。橡胶条与地面接触后，双面应各伸长 3~4 mm，以封闭门下缝隙。

考 核 要 点

1. 木门窗的施工技术
2. 铝合金门窗的施工技术
3. 塑料门窗的施工技术

第六单元　吊顶工程施工

吊顶又称"顶棚"或"天花板",是建筑物装饰装修的重要组成部分。由于对室内空间顶部实用功能的要求不同,选择吊顶的形式和构造方式非常重要。下面将详细介绍吊顶装饰的两种构造形式——暗龙骨吊顶和明龙骨吊顶。

模块一　吊顶工程概述

一、吊顶工程概述

1. 基本概念

顶棚、天花(板)、吊顶等这些在工程中常出现的名词,其概念略有差异。

顶棚(天棚)是指室内空间梁底以上的结构和表面的总称,有时也包括屋顶构造部分,如采光顶棚。

天花(板)是指顶棚构造中连续的、面积较大的饰面层,不包括梁、架等底面较小的部位,如楼板底面。叠级天花是指顶棚构造不同标高的饰面层。

吊顶是指在建筑结构层下部悬吊的骨架和饰面层部分,通常不包含在建筑结构设计和施工当中,而由装饰工程完成。另外,也指施工过程。

顶棚最能反映室内空间的形状,营造室内空间的风格和气氛,吊顶的式样则直接影响整个室内空间的装饰效果。不仅如此,吊顶在现代建筑室内中,有时还要满足一些技术方面的要求，如保温、隔热、防火、隔声、吸声、反射光照等，以及满足风、光、暖、电等设备的安装。因此，吊顶是室内装饰工程中一项重要的工程。

2. 吊顶工程分类

常见的吊顶可按构造形式、饰面材料、骨架材料等分类方法予以区分。

(1) 按构造形式不同，可分为暗龙骨吊顶和明龙骨吊顶。

(2) 按使用的饰面材料不同，可分为轻钢龙骨石膏板吊顶、夹板吊顶、金属板材吊顶、金属格栅吊顶、玻璃吊顶等。

(3) 按使用的骨架材料不同，可分为木龙骨吊顶、金属龙骨吊顶（包括轻钢龙骨吊顶和铝合金龙骨吊顶）。

二、吊顶工程施工基本要求

1. 吊顶工程涉及人身安全和使用技术要求，应备有施工图、设计说明及其他设计文件。

2. 吊顶工程所用的木龙骨、轻钢龙骨、铝合金龙骨及其配件应符合现行有关国家标准的规定，各类饰面板的质量均应符合现行国家标准、行业标准的规定，应有材料的产品合格证书、性能检测报告、进场验收报告和复验报告，并符合设计要求。

3. 工程施工过程中，应做好施工记录、隐蔽工程验收记录。施工记录包括吊顶内管道、设备的安装及水管试压，木龙骨防火、防腐处理，预埋件或拉结筋，吊杆安装，龙骨安装，填充材料的设置。

4. 安装龙骨前，应按设计要求对房间净高、洞口标高和吊顶内管道、设备及其他支架的标高进行交接检验。

5. 安装饰面板前，吊顶内的通风、水电管道及人行通道应安装完毕；消防管道应安装并试压完毕；对吊顶工程中的预埋件、钢筋吊杆和型钢吊杆应进行防锈处理；对各种管道和设备应及时进行调试和验收。

6. 吊顶内的灯槽、斜撑、剪刀撑等，应根据工作情况适当布置。

7. 吊杆距主龙骨端部距离不得大于 300 mm，当大于 300 mm 时，应增加吊杆。当吊杆长度大于 1.5 m 时，应设置反支撑。当吊杆与设备相遇时，应调整并增设吊杆。

8. 轻型灯具应吊在主龙骨或附加龙骨上；重型灯具、电扇及其他重型设备，严禁安装在吊顶工程的龙骨上，应另设吊钩。

模块二　暗龙骨、明龙骨吊顶工程施工

一、暗龙骨吊顶工程

暗龙骨吊顶是指以轻钢龙骨、铝合金龙骨、木龙骨等为骨架，以石膏板、金属板、矿棉板、木板、塑料板或格栅为饰面材料的构造形式。暗龙骨吊顶属于隐蔽工程，应注意内部结构的可靠性、耐久性和防火、防腐、防潮等问题。现代装饰工程多采用金属龙骨，其中又以轻钢龙骨应用最为广泛。

1. 暗龙骨吊顶施工技术

（1）轻钢龙骨型材。轻钢龙骨是以镀锌钢带薄钢板轧制而成的型材，由于它具有强度大、通用性强、耐火性好、安装简易等优点，成为顶棚基本做法中的主要支架材料。轻钢龙骨按用途可分为吊顶龙骨和隔断龙骨，按断面形式可分为 U 型、C 型、T 型、L 型龙骨（用作封边压条）。吊顶用轻钢龙骨按力承受性能可分为上人和不上人两种，前者材料厚度通常要求达到 0.5 mm 以上，后者要求达到 0.35 mm。

目前，我国轻钢龙骨产品规格、形状、品名等不完全统一，选用时要注意选择同一厂家的产品。常见名称的含义如下：

1）主龙骨、大龙骨，主要起承载作用而不与饰面材料直接连接。按照承载能力大小可分为：轻型级，断面宽度为 30～38 mm；中型级，断面宽度为 45～50 mm；重型级，断面宽度为

60～100 mm。

2) 中龙骨、横撑龙骨，主要起安装固定饰面材料的作用，其中横撑龙骨分作小段，作为横向支撑，并通过支托搭接在中龙骨上（处在同一平面），断面宽度为 30～60 mm。

3) 小龙骨，常用于单层吊顶，通过吊杆与结构层相连接，不设大、中龙骨，也用于次要或辅助部位的安装，断面宽度为 25～30 mm。

(2) 轻钢龙骨吊顶结构。轻钢龙骨吊顶是由吊杆（吊筋）、龙骨（格栅）、饰面层及与其相配套的连接件和配件组成。下面以 U 型、T 型轻钢龙骨为例进行讲解。

1) U 型轻钢龙骨。U 型轻钢龙骨吊顶结构及与墙体连接示意如图 6—1 所示。带灯槽节的 U 型轻钢龙骨埃特板吊顶构造如图 6—2 所示。

2) T 型轻钢龙骨。中、小龙骨断面为 T 型（大龙骨断面为 U 型或 C 型），统称为 T 型轻钢龙骨吊顶。T 型轻钢龙骨一种是明龙骨，另一种是暗龙骨。明龙骨，饰面板直接摆放在 T 型轻钢龙骨组成的方格内，T 型轻钢龙骨的横翼外露，外观如同饰面板的压条效果；暗龙骨，施工时将饰面板凹槽嵌入 T 型轻钢龙骨的横翼上，饰面板直接对缝，外观见不到龙骨横翼，形成大片整体拼装图案。如图 6—3 所示。

(3) 暗龙骨吊顶施工技术

1) 结构层安装。吊顶荷载较大，或悬吊点间距、高度很大时，应采用普通型钢（如角钢、槽钢、工字钢等）作基层和吊筋，以保证吊顶承载能力、结构的刚度和稳定性。

吊点安装连接件要固定，上人吊顶的吊点应采用与预埋铁件、钢筋焊接的连接方式，不允许使用膨胀螺栓做吊点。上人或不上人吊顶均不允许使用射钉固定吊点。在吊顶龙骨断开处、高度变化及荷载变化处应增设吊点。

龙骨对接、挂接处连接要牢固。荷载变化较大之处，必要时

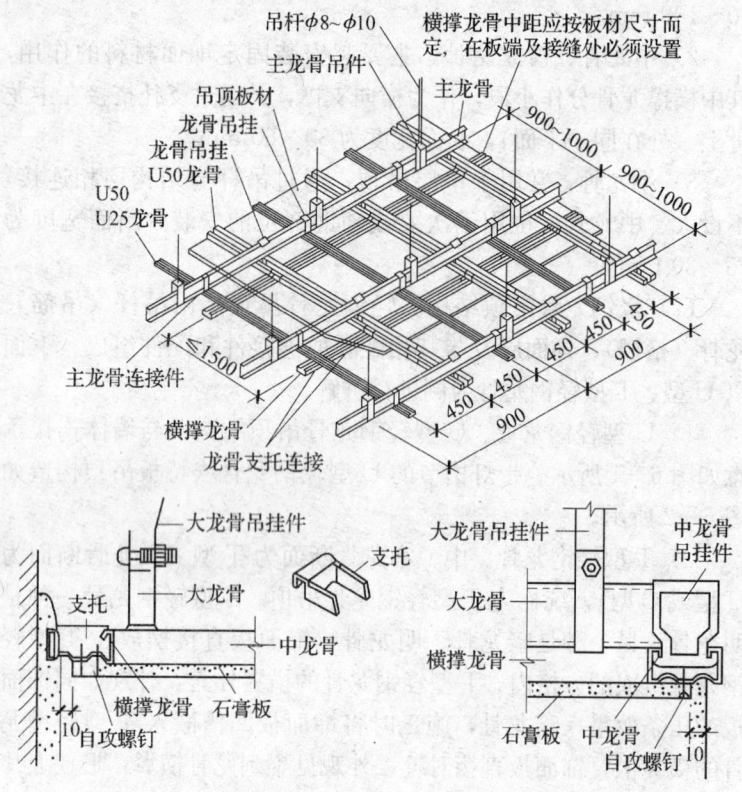

图 6—1　U 型轻钢龙骨吊顶结构及与墙体连接示意图

应采用焊接方式连接。普通吊木杆只适用于便于造型或调整位置等次要部位，以避免贪图施工方便而大量使用。木方用于木基层顶棚，用金属连接件加固。

为了防止跨度较大的吊顶在长期使用中因自重、外力等因素造成下陷，中部应适当起拱：顶棚跨度为 7～10 m 时，按 3/1 000 起拱；跨度为 10～15 m 时，按 5/1 000 起拱；小龙骨按 1/200 起拱。

安装饰面层之前，应做好龙骨结构层的防锈、防火处理。

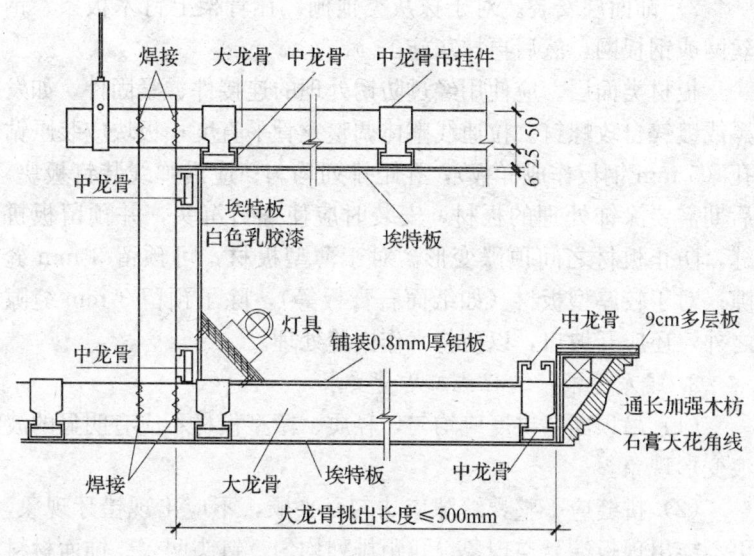

图6—2 带灯槽节的U型轻钢龙骨埃特板吊顶节点

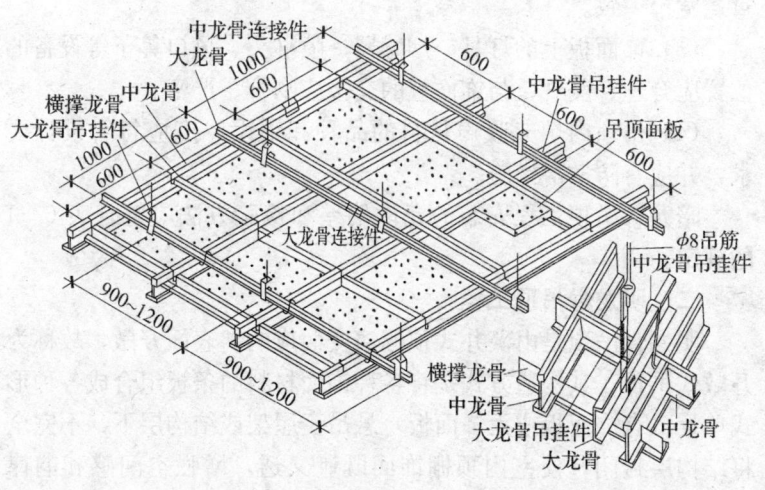

图6—3 T型轻钢龙骨吊顶结构示意图

2) 饰面层安装。对于抹灰类顶棚，在骨架上钉木板条、钢丝网或钢板网，然后再抹灰施工。

板材类面层。应使用经过防锈处理的连接件、紧固件，如发黑或镀锌自攻螺钉。拉通线整体调整龙骨平直度；板块应装匣钻孔（5 mm 钢板作成样板），孔距排列均匀；应沿弹线装钉板块。后期需要涂饰处理的板材，安装时应使螺钉沉头，并预留板拼缝，防止板材之间顶涨变形。对于薄型板材，可预留 3 mm 缝隙；对于较厚型板材（如纸面石膏板等），除了预留 3 mm 缝隙之外，还应开坡口，以便将来作嵌缝处理。

2. 暗龙骨吊顶工程施工质量要求

（1）吊顶面层拱度应均匀，轻质、薄型板材不应有明显的波浪变形现象。

（2）拼缝应平整，缝隙应均匀、平顺，不应出现错牙现象，更不能出现板端悬空现象；孔距排列均匀，钉头凹入。饰面材料表面应洁净、色泽一致，不得有翘曲、裂缝及缺损。压条应平直、宽窄一致。

（3）饰面板上的灯具、烟感器、喷淋头、风口箅子等设备的位置应合理、美观，与饰面板的交接应吻合、严密。

（4）吊顶内填充吸声材料的品种和铺设厚度应符合设计要求，并应有防散落措施。

暗龙骨吊顶工程安装的允许偏差和检验方法应符合表 6—1 的规定。

二、明龙骨吊顶工程

明龙骨吊顶是由藻井式顶棚演变而成的，表面开敞，故称为开敞式吊顶。其构造方式是将各种饰面材料的条板组合成各种形式单元（有饰面板或无饰面板）悬吊于屋架或结构层下，不完全将结构层封闭，使室内顶棚饰面既遮又透，增强空间感和韵律感，常用于影剧院、音乐厅、茶室、商店、舞厅等室内吊顶。

由于内部结构可见，明龙骨吊顶对骨架材料及其他设施的安

表6—1 暗龙骨吊顶工程安装的允许偏差和检验方法

项次	项目	允许偏差（mm）				检验方法
		纸面石膏板	金属板	矿棉板	木板、塑料板、格栅	
1	表面平整度	3	2	2	2	用2m靠尺和塞尺检查
2	接缝直线度	3	1.5	3	3	拉5m线，不足5m拉通线，用钢直尺检查
3	接缝高低差	1	1	1.5	1	用钢直尺和塞尺检查

装质量要求较高，一般将天花板上部的构造及设备、管道刷暗色处理。视觉要求较高的场所，则进一步处理内部设施表面，如全部喷白（消防设施除外），可明显改善空间视觉效果。

目前，以金属格栅、挂片应用最多，常见的还有透明玻璃吊顶、织物吊顶及搭接式吊顶，室内声学浮云板吊顶也属于此类。

1. 明龙骨吊顶施工技术

（1）明龙骨吊顶的种类及结构

1）金属格栅（又称格栅吊顶）。金属格栅是由主（下）骨、副（上）骨纵横插接组合而成的，通过吊钩搭在主骨上或直接吊于建筑结构上。格栅可与风暖设备、灯具、装饰品等结合，也可与T型轻钢龙骨分格安装或大面积组装，组合方式灵活。常见格栅方格大小为75 mm×75 mm～300 mm×300 mm，也可以定做其他规格。如图6—4所示。

金属格栅安装工序：安装吊杆（间距1 000～1 200 mm）→在地面预装格栅→主骨孔穿吊铁线→吊起格栅单元→吊铁线穿入吊杆吊钩上→格栅单元连接→通过调节弹簧调水平→检查验收。

2）金属挂片吊顶。金属挂片吊顶呈条状、连片的安装效果，

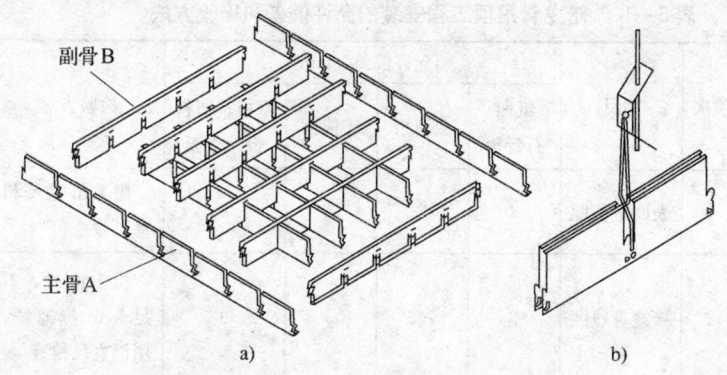

图6—4 金属格栅插接组合及可调起拱的吊钩
a) 金属格栅插接组合 b) 可调起拱的吊钩

是另一种公共场所常用的金属明龙骨吊顶。挂片高度分为100 mm和120 mm，挂片的安装间距一般为100 mm、150 mm、200 mm，挂片材料厚度为0.6～0.8 mm，长度在4 000 mm以内。

挂片的龙骨，在安装时应视挂片长度的不同进行排列，原则上距挂片两端的空位不大于300 mm，龙骨的间距、吊杆间距都应在1 000～1 200 mm之间，以增加抗风能力。如图6—5所示。

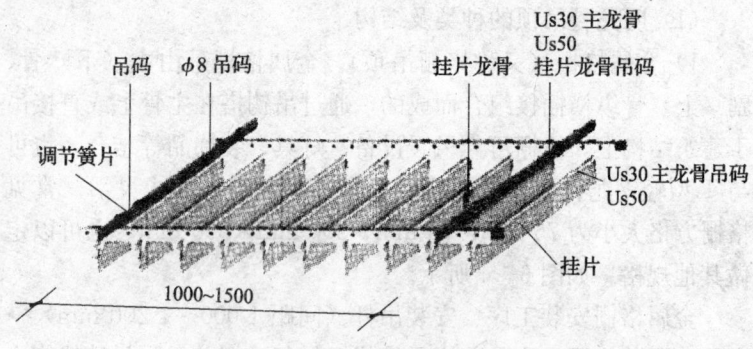

图6—5 金属挂片吊顶安装示意图

（2）明龙骨吊顶施工技术

明龙骨吊顶施工一般分为地面拼装单元和吊装连接单元。其施工工艺流程为：结构面处理→找平、弹线→地面拼装单元件→饰面处理→吊装固定→拼缝处理→涂饰→修整→检查验收。

(3) 常见施工中缺陷及预防措施

1) 吊顶开敞，能够见到吊顶内部结构

产生原因：结构面处理不当。

预防措施：应对吊顶以上部分的结构设施进行合理规划或涂刷处理，避免粗乱。

2) 管线安装杂乱

产生原因：找平、放线不准确。

预防措施：龙骨层、面层遇设备管线应合理布置，找平、放线应准确。注意安装后的视觉效果。

3) 吊顶涂饰层损坏

产生原因：未在地面拼装前完成

预防措施：有涂饰要求的，如木格栅吊顶，应在地面拼装前完成。校正和调整完成后，应对涂膜损坏部位及时修复。

2. 明龙骨吊顶工程质量要求

(1) 饰面材料的材质、品种、规格、图案和颜色应符合设计要求。饰面板与明龙骨的搭接应平整、吻合，压条应平直、宽窄一致。

(2) 当饰面材料为玻璃板时，应使用安全玻璃（钢化玻璃或夹层玻璃）或采取可靠的安全措施。

(3) 饰面材料的安装应稳固、严密。饰面材料与龙骨的搭接宽度应大于龙骨受力面宽度的 2/3。

(4) 吊杆、龙骨的材质、品种、规格、图案和颜色应符合设计要求。金属吊杆、龙骨应进行表面防腐处理；木龙骨应进行防腐、防火处理。

(5) 明龙骨吊顶工程的吊杆和龙骨安装必须牢固。

(6) 吊顶内填充吸声材料的品种和铺设厚度应符合设计要

求，并有防散落措施。

明龙骨吊顶工程安装的允许偏差和检验方法应符合表6—2的规定。

表6—2　明龙骨吊顶工程安装的允许偏差和检验方法

项次	项目	允许偏差（mm）				检验方法
		纸面石膏板	金属板	矿棉板	木板、塑料板、格栅	
1	表面平整度	3	2	3	3	用2m靠尺和塞尺检查
2	接缝直线度	3	2	3	3	拉5m线，不足5m拉通线，用钢直尺检查
3	接缝高低差	1	1	2	1	用钢直尺和塞尺检查

◆装饰装修实例：

某宾馆正在进行装修，将一楼大厅上部装饰成高低错落的木质吊顶。下面简单介绍其施工过程。

1. 弹线

根据楼地面装饰标高在四周墙（柱）面引测至吊顶标高，弹出吊顶标高线。按照设计要求的吊点间距弹出吊顶吊挂点定位线。对于有叠级造型或其他装饰造型的吊顶，弹出吊顶造型位置线。

2. 安装吊点紧固件

若楼板结构内有预埋件，可采用钢筋吊杆等与预埋件连接（焊接及钩挂等）。若楼板结构内无预埋件，对于有附加荷载的重型吊顶，可采用焊接钢板用膨胀螺栓固定于楼板基体，在钢板面焊接钢筋吊环，用钢筋吊杆上部钩挂吊环，下端套丝连接主龙骨，或用射钉及膨胀螺栓固定L形铁件（可采用角钢块），以扁铁或角钢作吊杆与铁件连接，使用螺栓或焊接固定；对于装饰性轻型吊顶，可直接将带孔射钉或膨胀螺栓作为吊点紧固件和连接件，上部打入顶板基体，下部连接吊杆（镀锌铁丝、扁铁、开孔金属带等）。如图6—6、图6—7所示。

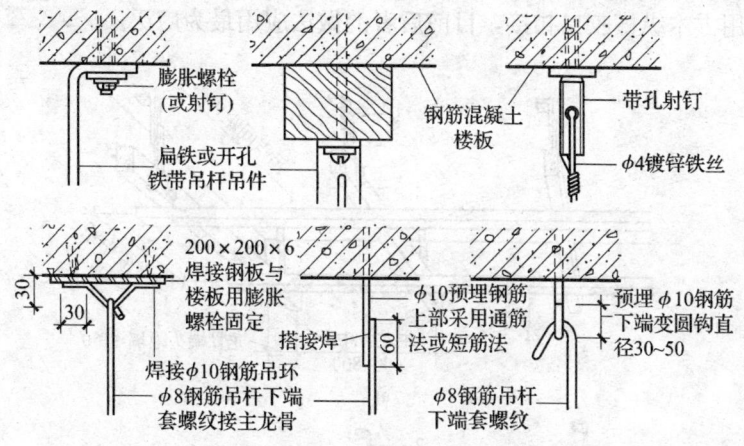

图6—6 木质吊顶吊点的固定和悬挂方式示意图

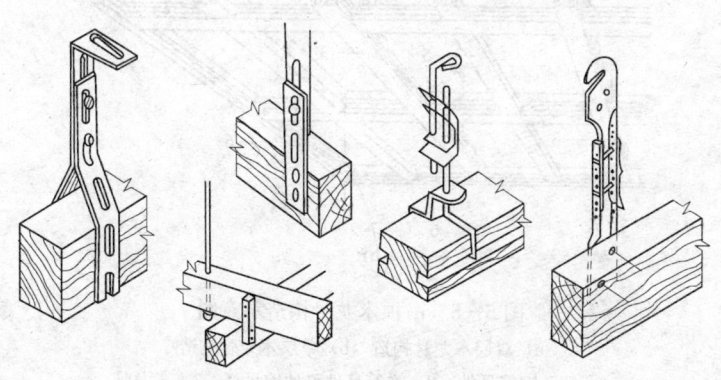

图6—7 吊顶木龙骨的吊挂示意图

3. 木龙骨吊顶格栅拼装

采用木龙骨组成的吊顶骨架，可以是双层构造，也可以是单层构造。如图 6—8a 所示为双层构造的木龙骨吊顶骨架。主龙骨的截面尺寸较大,次龙骨的截面尺寸较小。吊点间距及龙骨中距应根据吊顶的承载情况及罩面板尺寸设计确定。如图 6—8b 所示为单层构造的龙骨格栅组合,龙骨断面可以是工字形,也可以采用方木纵横咬口扣接,目前后者的做法应用最为广泛。

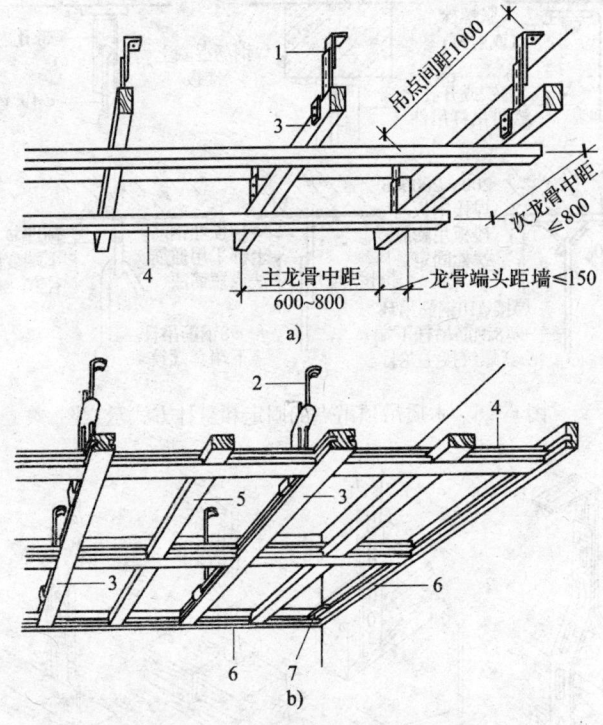

图 6—8 吊顶木龙骨构造示意图
a) 双层木龙骨构造 b) 单层木龙骨构造
1—开孔钢带吊件 2—弹簧吊件可伸缩吊杆 3—主龙骨
4—次龙骨 5—间距龙骨 6—边龙骨 7—角接榫板

为了安装方便,木龙骨双层构造的下层覆面骨架,以及单层吊顶的主次龙骨组装的格栅,可先在地面进行局部分片拼装。基本做法如下：

（1）确定吊顶木格栅可以分片安装的位置和准确尺寸，根据分片的平面尺寸选取纵横龙骨型材。

（2）木龙骨在同一平面的纵横拼接，通常为半槽咬口扣接。即在方木上按中心线距 300～400 mm 开凿半槽，尺寸为凹深至龙骨断面高度的一半、凹宽即龙骨断面宽度。若使用已开槽的成品材，可免去开槽工序。木龙骨骨架的拼接即按凹槽对凹槽的方式咬口拼接，半槽内预先涂胶，连接后再加圆钉固定。

4. 固定边龙骨

沿吊顶标高线固定沿墙木龙骨时，一般的做法是用冲击钻在标高线以上 10 mm 处墙面或柱面打孔，孔径 12 mm，孔距 500～800 mm，孔内塞入木楔，将木龙骨钉固在木楔上。

5. 木龙骨的吊装

（1）将拼接组合好的木格栅（分片龙骨架）托起至吊顶标高略高的位置，先用铁丝做临时悬吊固定。然后根据吊顶标高线拉出纵横方向的水平基准线，作为骨架底平面的基准，将龙骨架向下稍作移位，使之与基准线平齐，待整片龙骨架调正、调平后，即将靠墙部分与边龙骨钉接。

（2）按设计要求的方法将龙骨骨架与吊点吊件固定。根据吊杆材料分别采用绑扎、钩挂及钉固。

（3）对于高低错落的叠级吊顶，一般是自上而下开始吊装。吊装与调平的方法与上述相同，但其龙骨架不可能与吊顶标高线上的边龙骨连接。其上、下平面的衔接，通常是先用一条方木斜向将上、下平面的龙骨架定位，然后用垂直方向的方木把上、下两平面的龙骨架连接固定。

（4）各分片龙骨之间在同一平面对接时，应将其端头对正，然后用铁件或短木方钉于对接处的侧面或顶面进行加固。

（5）在各分片、各局部吊顶龙骨架安装就位之后，在整幅吊顶面下拉十字交叉线检查整体平整度。对于吊顶面下的凸出部分,需调整吊杆吊件将骨架收紧拉起;对于吊顶骨架底面向上拱起的部分,需将吊杆、吊件放松下移或另设吊杆、吊件向下顶,直到吊顶骨架底面整体平整,将误差值控制在允许的范围之内。

6. 罩面胶合板的铺钉

(1) 吊顶木龙骨经中间验收后,即进行罩面胶合板的铺钉。应按设计要求确定板材的品种和厚度,并依装钉部位的尺寸对板块进行裁割,裁割前应画线。即使整板铺钉时,也应事先在板面弹出方格线,方格线的尺寸即是龙骨骨架纵横布置的中距,以保证将胶合板准确地钉固于木龙骨上。

(2) 在板块的正面四周,用手工刨或电刨按 45°刨出倒角,宽度 2~3 mm。对于不留缝隙的吊顶罩面,这种做法有利于通过嵌缝处理使板缝严密并减小饰面后的缝隙变形程度。对于有留设明缝要求的罩面板,应按图样对板材裁割后进行修边处理。

(3) 为避免浪费板材并尽可能使罩面效果美观,尤其是饰面胶合板要求保持原木色和纹理的吊顶,在正式装钉前,须进行预排布置,将整板居中铺大面,将裁割板置于边缘部位。

(4) 根据设计要求,在罩面板上留出吊顶面各种洞口,也可按预留位置和尺寸先画线,待罩面钉装后,再将其开出。

(5) 安装铺钉胶合板时,可用钉锤,使用圆钉(事先将钉帽打扁),也可使用电动或气动打钉枪,气动打钉枪需与电动空压机配套使用。

(6) 将胶合板正面朝下托起至预定部位,即从板面中间向四周展开铺钉,钉位依照预先的画线。钉距为 80~150 mm,并进入板面 0.5~1.0 mm,钉眼用油性腻子抹平。

(7) 各种细部处理,如与暗装窗帘盒的连接、与暗装灯盘及反光灯槽的衔接,以及各部位的收口、花饰、装饰线脚线板等,均按设计要求精确装设。

施工时应注意以下问题:

(1) 选用国标的合格板材。

（2）如设计要求木龙骨进行防腐、防火处理，即必须涂刷或浸渍防腐剂和防火剂时，应使之充分晾干后方可使用。

考 核 要 点

1. 吊顶工程的概述
2. 吊顶工程施工的基本要求
3. 暗龙骨吊顶工程的施工技术
4. 明龙骨吊顶工程的施工技术